13歳からの
プログラミング上達
マインクラフト&Python
で楽しく実践

工学博士　STEM教育専門家
山口由美 著

はじめに

　学校の宿題はノートパソコンなどで作業するので、ランドセルやバックパックが重いですよね。そもそもなんでプログラミングが必修科目なんだろう？ 将来何のために必要なのかなぁ？？ と思いませんか？

　その理由の1つにAIやロボット技術の進化が関係しています。最近のAIは文章も作ってくれるし、絵も描いてくれる、質問をすればとりあえず何でも答えてくれます。誰にとっても便利な道具となり、相棒のような存在になることが予想されていますが、AIの仕組みを知らないと使いこなせません。もちろん、AIに負けない"何かを創り出す力"をつけるには基礎的な理解が必須です。

　皆さんの身体がたくさんの細胞からできているように、AIはたくさんのプログラムからできています。だからプログラミングを学ぶんですね。

　本書には初級編にあたる『13歳からのプログラミング入門 マインクラフト&Pythonでやさしく学べる！』(メイツ出版)がありますが、中級編の本書から読んでも使えるようになっています。ちょっと難易度が上がりますが、より実践的なプログラミングをすぐに学びたい人や、複雑な建築物をマインクラフト内に作ってみたい人は是非チャレンジしてみてください。

　どうせ勉強するなら楽しく学んで欲しい。そんな想いを込めて書きました。未来を切り開く全ての若者に贈ります。

2025年 4月

山口 由美

動作環境

本書籍では以下の環境で動作することを確認しています。

マインクラフト	Minecraft Java Edition (Windows)
OS	Windows 10/11
Thonny	バージョン：4.1.4〜4.1.7
Python	バージョン：3.10
Forge	バージョン：1.12.2
Raspberry Jam Mod	バージョン：0.92
mcpi	バージョン：1.2.1

本書掲載の付録とお手本用プログラムについて

本書内では 付録○ や 特別付録○ と面白系のボーナスコードを紹介していますが、それとは別にお手本で使ったサンプルのコードも以下からダウンロードすることが可能です。もちろん自力で入力してもプログラムは動きますが、最初はダウンロードしたコードを参考にしながら使ってもOKです。

QRコード

第1章〜第6章
idea-village.com/minecraft2/hontai.zip

付録
idea-village.com/minecraft2/furoku.zip

特別付録
idea-village.com/minecraft2/tokubetu.zip

1　左のQRコードまたはURLをブラウザに入力するとダウンロードができます。ファイルは圧縮ファイルとなっていますので、下の手順で開いてください。

2　ブラウザによって少し画面が違いますが、Bingというブラウザを使った場合は右上にこのような画面がでます。青色の「ファイルを開く」をクリックしてください。

3　すると上の画面のように「第1章〜第6章」の場合はそれぞれのフォルダが出ますので、さらにそのフォルダを開いてください。
「付録」「特別付録」の場合は直接ファイルがでますので、後ろの章で必要に応じて使ってください。

※本書はMinecraftの公式の書籍ではありません。Mojang社 Notch氏に一切の責任はありません。
※本書の刊行を可能にしたMinecraftのガイドライン(https://account.mojang.com/documents/brand_guidelines)に心から感謝します。
※本書に掲載されている実行結果や画面イメージなどは、特定の環境にて再現される一例です。
※本書の内容は2025年2月執筆時点のもので、Minecraftの仕様変更などにより予告なく変更される可能性についてご了承ください。
※本書の執筆においては誠意をもって正確な記述に務めておりますが、本書の内容の操作において発生する結果についてなんらかの保証をするものではなく、一切の責任を負いません。あらかじめご了承ください。

最初はお手本を見てもOK!

はじめに ……………………………………………………… 2
動作環境/本書掲載のお手本用プログラムについて …… 3

第1章 マインクラフトとPythonを繋げ！
～操作する環境を整えよう～ …… 7

マインクラフトでプログラミングが勉強できるってどういうこと?? ……… 8
- 手順1 ─ マインクラフトJAVA版とJavaのインストール …………… 10
- 手順2 ─ Pythonをインストールしよう ………………………………… 12
- 手順3 ─ MODを組み込もう ……………………………………………… 14
- 手順4 ─ Pythonからマインクラフトに命令を出してみよう ………… 18
- 手順5 ─ マインクラフトからPythonを呼び出してブロックを設置してみよう ……… 20

Pythonを使ってマインクラフトにブロックを出す時の
基本コードをおさえよう ……………………………………………………… 21

第2章 複雑な建築物を1発でポン！
～関数について知ろう～ …… 25

関数ってなんだろう? ………………………………………………………… 26
関数を作って家を建ててみよう ……………………………………………… 33
便利なメイン関数 ……………………………………………………………… 37

- ミッションに挑戦！ …………………………………………………… 39
- アレンジしてみよう！ どこでもポータル ……………………………… 44

関数ってチョー便利

004

第3章 Pythonだけのスゴ建築
～スーパーオリジナル関数を作ってみよう～ …… 47

- 数式を利用した関数 …………………………………… 48
- 空に浮く球体を出してみよう ………………………… 52
- ミッションに挑戦！ ……………………………………… 57
- アレンジしてみよう！　ガラス張り植物園 …………… 62

第4章 お気に入り建築を保存
～ファイルの入出力で移築をしよう～ …… 65

- ブロックの情報をファイル出力してみよう ……………… 66
- ファイルからブロック情報を読み込んでみよう ………… 71
- ミッションに挑戦！ ……………………………………… 74
- アレンジしてみよう！　森の洋館を丸ごと移築 ………… 78

第5章 カラフル三次元建築
～リストとタプル～ …………………………………… 81

- リストを使って変形クリーパーを出そう ……………… 82
- タプルを使って固定クリーパーを出そう ……………… 87
- ミッションに挑戦！ ……………………………………… 90
- アレンジしてみよう！　デジタルサイネージ ………… 94

マイクラでおにぎりも作れるかな!?

005

打ち上げ花火じゃー！

第6章 花火を打ち上げよう
〜プログラムをモジュール化する〜 ……… 97

モジュールってなに？……………………… 98
花火をモジュール化してみよう………… 102
花火モジュールをインポートしよう…… 108

花火も作れるの？ワクワク！

ミッションに挑戦！ ……………… 112

アレンジしてみよう！

アニメーション花火………………………… 115

スペシャル付録 こんなことまでできる！……… 119
超ド級のスゴ建築とアニメーション

数式建築	らせん＆ドーム＆大盛り三角 ……… 120
座標読み込み建築	ドラゴン＆QRコード ……………… 122
アレンジ関数	巨大ドーナツ ……………………… 124
アレンジアニメ	惑星シミュレーション …………… 125

さくいん ………………………………………………… 126

レッツゴー！

第1章
マインクラフトとPythonを繋げ！
～操作する環境を整えよう～

まずは動作環境を整えましょう。マインクラフトとPythonの接続ができればすぐに遊べるのですが、ここが案外つまづきポイント。本書では簡潔に説明していますが、ワンステップづつ確認して進めたい場合は←に細かい説明も載せていますので、そちらを参照してみてください。

http://idea-village.com/minecraft/P7_sousajunbi.pdf

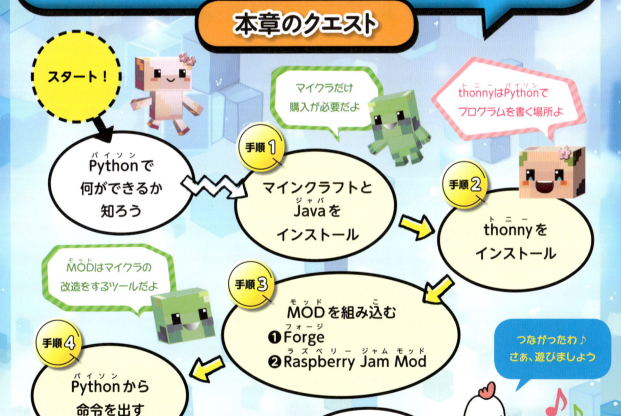

マインクラフトでプログラミングが勉強できるってどういうこと??

本当にマイクラでプログラミングなんて勉強できるの?

JAVA版を使えばマイクラで普通に遊ぶことも、プログラミングの勉強もできるよ!

大注目のPython(パイソン)を使えるようになる!

人間同士の会話には日本語、英語、フランス語、とたくさんの言語がありますね。**人間とコンピュータが会話するためにも言語があり、それをプログラミング言語**といいます。

2025年から大学入学共通テストの科目に「情報I」が加わり、プログラミング言語も扱われています。教科書ではScratch(スクラッチ)のようなビジュアルプログラミング言語と、Python(パイソン)、JavaScript(ジャバスクリプト)やVBA(ブイビーエー)のようなテキストプログラミング言語が取り上げられています。本書ではその中でもおススメのPython(パイソン)を、マインクラフトで遊びながら学んでいきます。

Python(パイソン)は将来性のある言語で、YouTube(ユーチューブ)もInstagram(インスタグラム)もPython(パイソン)を使って開発されました。AIの開発やデータサイエンス(情報科学)など発展中の分野でも多く使われているんですよ。

ビジュアルプログラミング言語は、ブロックを組み合わせていくような画面だね

テキストプログラミング言語は文字だらけの画面なんだね〜

Scratch(スクラッチ)の画面　　　Python(パイソン)の画面

第1章　マインクラフトとPythonを繋げ！　〜操作する環境を整えよう〜

JAVA版でMODというものを利用すると、Pythonでマインクラフトを操作できるよ

マインクラフトを楽しむ端末は色々あります。ゲーム機、スマホ、パソコンなどで遊べますが、Pythonを学びたい場合はパソコンを使ってJAVA版でプレイします。MODという改造ツールを使うとマインクラフト内でPythonが使えるようになります。

パソコン用のマインクラフトはJAVA版を購入すれば統合版も同時にインストールできます。すでに統合版を持っている人は無料でJAVA版がインストールできますよ。

JAVA EDITIONの特徴

- プログラム（Pythonなど）から操作ができる
- MODを使ってカスタマイズが可能
- 統合版のダウンロードも追加料金なしでOK
- ゲーム内の細かい設定や機能がたくさん使える

こんなスゴ技で遊びながら本格プログラミングスキルをゲット

Pythonを使ってマインクラフトを操作すると、**オリジナルコマンドでモブのスポーンやアイテム出現をさせたり、巨大建築物の一発設置ができる**ようになります。

本書では、手作業ではむつかしい複雑な建築物も設置していきます。宙に浮く巨大な球体や大型イラスト設置、ワールド内の建築物丸ごとを移築など。スゴいオリジナルコマンドが作れますよ。思った通りに**建築する**には少しのコツと新しい知識が必要なので、**工夫をしているうちにプログラミングのスキルが身についてしまう**というカラクリです。

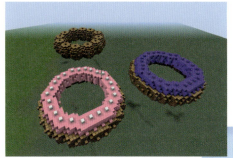
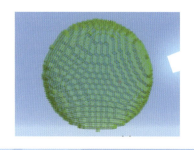

これ全部オリジナルコマンド化できちゃうの!?
すごっ!!

手順1 マインクラフトJAVA版とJavaのインストール

さっそくマイクラのJAVA版を導入しよう♪

あわせてJavaもインストールするよ

Javaをインストールしよう

Javaをインストールしましょう。Javaは無料で利用できます。

❶ https://www.java.com/ja/download/ にアクセスする

❷ 「Javaのダウンロード」ボタンをクリック

❸ 「jre-8u381-windows-x64.exe」のように（※最新版の名前が出ます）実行ファイルが出てくるので、ダブルクリック

※実行ファイルを指定した場所に保存した場合は、そこに作成されるJavaのアイコンをダブルクリック

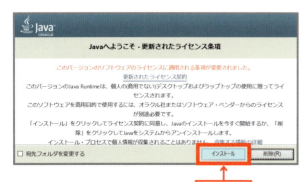

❹ セットアップ画面が出てくるので「インストール」ボタンをクリック

❺ インストールが終わったら「閉じる」ボタンをクリックすれば完了！

第1章　マインクラフトとPythonを繋げ！　〜操作する環境を整えよう〜

マインクラフトをインストールしよう

マインクラフトをインストールしましょう。ここだけ購入が必要です。

❶ https://www.minecraft.net/ja-jp/store/minecraft-java-bedrock-edition-pc にアクセスする

❷ バージョンを選択して「チェックアウト」をクリック

❸「サインイン」をクリック

＊アカウントは事前に作っておいてね

❹「支払方法の選択」のボックスから必要項目を記入

※ここからは支払の手続きなので必要に応じてお家の人にお願いしてね

❺「購入」をクリック

❻「WINDOWS版のダウンロード」をクリック

❼「Microsoftソフトウェアライセンス条項を読み、同意しました」にチェックを入れる

❽「インストール」をクリック

❾ 指示に従って進み「プレイ」画面が出たらインストール完了！

011

手順2 Pythonをインストールしよう

次はPythonをインストールしよう

本書ではライブラリが充実しているthonnyを使うよ

Thonnyをインストールして Pythonを使えるようにしよう

Thonnyをインストールしましょう。Thonnyは無料で利用できます。

❶ https://thonny.org/ にアクセス

❷ 「Windows」にカーソルを合わせて「thonny-4.1.6.exe (21 MB)」をクリック

※最新版の名前が出ます

❸ 「 thonny-4.1.6exe 」をダブルクリック

❹ 画面の指示に従って進む

❺ 「 Install 」をクリック

※「Create desktop icon」と表示された場合は、チェックを入れます

❻ デスクトップに Thのアイコンが出ればインストール完了

❼ ダブルクリックして Thonnyを起動します

012

mcpi ライブラリを導入しよう

Pythonからマインクラフトに命令を出すのに必要な「mcpi」というものを導入しましょう

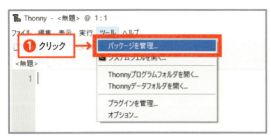

❶ メニューバーの中にある「ツール」を選択して「パッケージを管理」をクリック

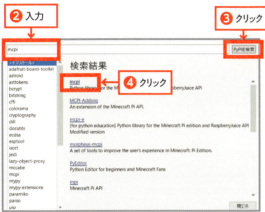

❷ ボックスに「mcpi」と入力

❸ 「pyplを検索」をクリック

❹ 検索結果の「mcpi」をクリック

❺ mcpiについて説明する画面が開くので確認して「インストール」をクリック

次の作業に向けてちょっと下準備

Pythonとマインクラフトを繋げるのに必要な情報をここでメモしておきましょう。

❶ Thonnyのメニューバーの「ツール」を選択して「オプション…」をクリック

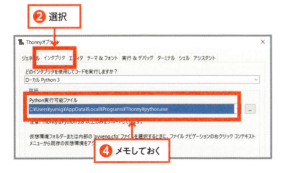

❷ タブの中の「インタプリタ」を選択

❸ 「Python実行可能ファイル」ボックスの中の文字をコピーしてメモ帳などに控えておきます。

※コピーは文字を選択して「ctrl」+「c」を同時にタップ
※P17で使います

手順3 MODを組み込もう

必要なMODは2つあるよ

ForgeとRaspberry Jam Modだね

MOD その1　Forgeをダウンロードする

Forgeをダウンロードしましょう。Forgeは無料で利用できます。

❶ https://files.minecraftforge.net/net/minecraftforge/forge/ にアクセス

❷ Forgeのバージョン1.12.2を選ぶ

❸「Download Recommended」であることを確認

❹「Installer」をクリック

❺「SKIP」をクリック

画面の下に出てくるのは広告だからね

❻「forge-1.12.2-14.23.5.2859-installer.jar」をダブルクリック

❼「Install client」にチェックを入れる

❽「OK」をクリック

014

第1章 マインクラフトとPythonを繋げ！ ～操作する環境を整えよう～

MOD その2　Raspberry Jam Modをダウンロードする

Raspberry Jam Modをダウンロードしましょう。Raspberry Jam Modは無料で利用できます。

❶ エクスプローラーを開いてローミングフォルダに移動します。

※通常はC:\Users\ユーザー名\AppData\Roamingにあります。

AppDataフォルダが見つからない場合は、メニューバーの「表示」→「隠しファイル」をクリックしてね」

❷ 「Roaming」の中の「.minecraft」をクリック

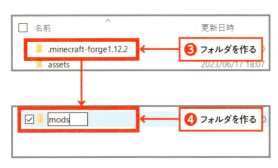

❸ 「.minecraft」の中に「.minecraft-forge1.12.2」フォルダを作る

❹ 「.minecraft-forge1.12.2」の中に「mods」フォルダを作る

❺ 「mods」フォルダを開いておく

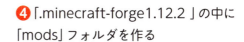

❻ https://github.com/arpruss/raspberryjammod/releases/ にアクセス

❼ 0.94の中の「mods.zip」をクリック

❽ 「mods.zip」をダブルクリック

❾ フォルダがたくさん出てくるので、その中の「1.12.2」フォルダを❺の「mods」フォルダに移動する

Modとマインクラフトの接続をする

　ForgeとRaspberry Jam Modの接続を完了させます。あとちょっとでつながるので、もうひと頑張り！

❶ マインクラフトを立ち上げて、「起動構成」をクリック

❷「forge」の部分にカーソルを合わせると右に「…」と出てくるのでクリック

❸「編集」をクリック

❹「ゲームディレクトリ」の「参照」をクリック

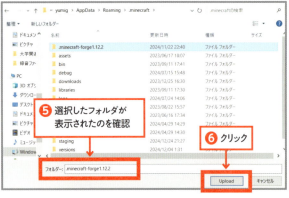

❺ フォルダウィンドウが開くので「C:\Users\ユーザー名\AppData\Roaming\.minecraft\minecraft-forge1.12.2」を選択

❻「Upload」をクリック

❼ 起動構成の編集画面に戻るので「保存」をクリック

第1章　マインクラフトとPythonを繋げ！　〜操作する環境を整えよう〜

❶「forge」の部分にカーソルを合わせて「プレイ」をクリック

❷「危険性について理解し、この起動構成について二度と警告しない。」にチェックを入れる

❸「プレイ」をクリック

心配せずに進めて大丈夫だよ

❹ 左下に「Minecraft.1.12.2」と「Powered by Forge 14.23.5.2859」と表示されていることを確認する

❺「Mods」をクリック

❻ 左側に導入したModのリストがあるので、その中の「Raspberry Jam Mod」を選択

※0.94をダウンロードしても0.92と表示されます

❼「Config」をクリック

❽「Python Interpreter」のボックスにP13 ❸でメモしておいた文字を入力する

❾「完了」をクリック

017

手順4 Pythonからマインクラフトに命令を出してみよう

マインクラフトのワールド内にThonnyからブロック設置してみよう

マインクラフトとPythonの接続準備が整ったので、プログラムを実行させてブロック設置をしてみましょう。

❶「Singleplayer（シングルプレイ）」をクリック

❷「Create New World（ワールド新規作成）」を選択

❸ ボックスの中に好きな名前を入力

❹ ゲームモードをクリックして、選択肢の中から「Creative（クリエイティブ）」を選ぶ

最初のうちは「その他のワールド設定…」で「スーパーフラット」に設定するといいよ

❺「Create New World（ワールド新規作成）」をクリック

❻ マインクラフトのワールド内に入るのでそのまま開いておく

第1章 マインクラフトとPythonを繋げ！ 〜操作する環境を整えよう〜

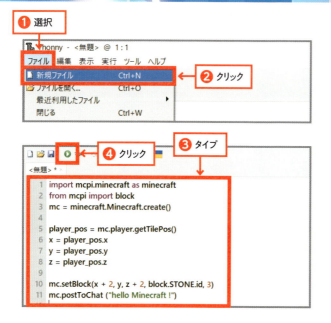

❶ P12 ❼で起動したThonny画面に戻って、メニューバーの「ファイル」を選択

❷「新規ファイル」をクリック

❸「無題」という画面が開くので画面とそっくり同じにタイプする

❹ 緑の矢印マークをクリック

❺ マインクラフトの画面に「hello Minecraft !」と表示されて、ブロックが1つ出たら成功！！

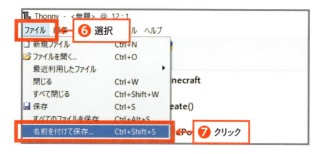

❻ Thonnyの画面に戻って、「ファイル」を選択

❼「名前を付けて保存…」をクリック

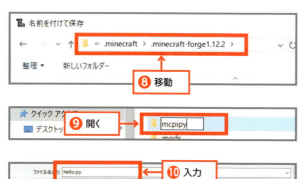

❽ ファイルの保存先を決めるウィンドウが開くので、「C:\Users\ユーザー名\AppData\Roaming\.minecraft\.minecraftforge1.12.2」に移動する

❾「mcpipy」フォルダを作って開く

❿ ファイル名「hello.py」と入力

⓫「保存」をクリック

手順5 マインクラフトからPythonを呼び出してブロックを設置してみよう

 マインクラフトからプログラムを呼び出してみよう

　Pythonからマインクラフトに命令が出せるようになったので、次はマインクラフトからPythonの中に保存したプログラムを呼び出してみましょう。

❶ マインクラフトの画面に戻ってPCの「/」キーをタップして**コマンド入力**画面に切り替える

さっき設置したブロックと区別するために、ちょっと移動してまっさらな芝の上でトライしてみてね

❶ 切り替え

チャット入力画面

❷ 入力

❷「py hello」と入力する

❸「enter」キーをタップする

❹「hello Minecraft !」と出てさっきと同じブロックが出現すれば呼び出し成功！！

プログラムを保存したら、コマンドのようにマイクラ画面から呼び出して使えるのね!!

超便利だね!

Pythonを使ってマインクラフトにブロックを出す時の基本コードをおさえよう

接続につかった「hello.py」プログラムについて理解しよう

先ほどはマインクラフトとPythonがつながっているか確認するために、細かい説明は省いて**コード**（プログラム用の文章）を書いて試してもらいましたが、ここでちょっと立ち止まって、Pythonの基本的な使い方について確認しておきましょう。

```
import mcpi.minecraft as minecraft
from mcpi import block
mc = minecraft.Minecraft.create()
```

これはマインクラフトと接続するためのコードです。何をしているかは、第6章P99、100で詳しく説明しますね。

今は、マインクラフトと接続するために最初に書く呪文だと思っておいてください。

```
player_pos = mc.player.getTilePos()
x = player_pos.x
y = player_pos.y
z = player_pos.z
```

ここで、マインクラフト内にいるプレイヤーの位置を取得しています。

ここもざっくりで大丈夫、スティーブやアレックスのいる場所を座標(x,y,z)で表せるようにしました。

```
mc.setBlock ( x + 2,  y  , z + 2, block.STONE.id, 3)
```
ブロック設置　　x座標　y座標　z座標　　ブロックの種類

これはマインクラフトのワールド内にブロックを設置するときに必ず登場する**関数**です。mc.setBlock()メソッドを使うと、好きな座標に好きなブロックを設置できます。ここではプレイヤーから見てx軸方向に2, y軸方向に0, z軸方向に2進んだ場所にストーンブロックを置くよ、と命令を出しています。

```
mc.postToChat ("hello Minecraft !")
```

こちらはマインクラフトのチャット画面に文字や数字を表示するための関数です。mc.postToChat()のカッコ内に書いた「hello Minecraft！」がチャット画面に表示されましたね。

Pythonを使ってマイクラにブロックを出す時の基本コードをおさえよう

 ## 作ったファイルを開いて、書きかえてみよう

　今度は保存したファイルを開いて、書きかえながら理解を深めていきましょう。ブロックを複数設置する方法や、ブロックの種類を変える方法がわかってきますよ。

 ## Pythonファイルの開き方

まず、保存したファイルを開く方法から見ていきましょう。

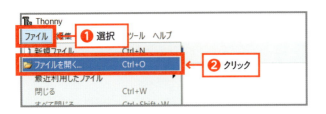

❶ Thonnyメニューバーの「ファイル」を選択

❷ 「ファイルを開く…」をクリック

❸ 「hello.py」ファイルを選択

❹ 「開く」をクリック

ファイルを書きかえてみよう

保存しておいたファイルが開くので、以下のようにコードを書きかえてみてください。

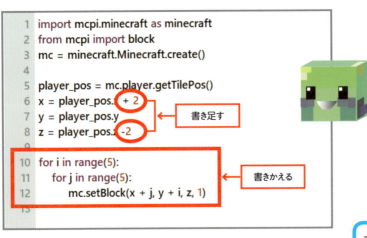

ここでオフセットというのをかけているよ。
プレイヤーから見て、x軸方向に2、z軸方向に-2にずらした場所を基準にしているんだ

大型の建築をしたとき、ブロックの中にプレイヤーが埋ってしまうのを防ぐためにオフセットをかけるんだね

実行すると下のように５×５の石(ブロックID:1)ブロックが出現します。書きかえた部分を見ながらブロックが設置された仕組みを理解していきましょう。

この部分は**for文**といって**反復処理(ループ)**をしています。**何度も同じことをして欲しいときに、回数や条件を指定すると、コンピュータは何度も繰り返し実行**してくれます。

「 for i in range(5) 」では**変数**「i」について５回繰りかえすよ、といっています。変数とは具体的な数字などと異なり、**あとで別の数値や文字列を代入して使いまわせるようにした**もののことをいいます。

理解するには実践が一番です。上のブロック設置の例では、x軸方向をあらわす値に変数j、y軸方向をあらわす値に変数i、を利用していると考えてください。両方の軸方向に変数を１づつ変えながら５回繰り返し処理をするので５×５のブロックが出てきたんですね。

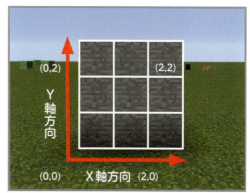

Pythonを使ってマイクラにブロックを出す時の基本コードをおさえよう

では、更に書きかえてみましょう。左のように変更してから実行すると、一番下の段だけ石ブロックで、上の4段は芝ブロックに変化して設置されます。

基本ブロック引数

石	1	苗木	6
芝	2	岩盤	7
土	3	水流	8
丸石	4	止まった水	9
木材	5	空気	0

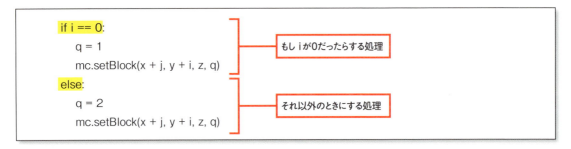

　この部分は**if文**といって**分岐**をしています。分岐とは**条件によってプログラムの進む方向を変える**ことです。簡単にいうと、**パターンAとパターンBに場合分け**したいときに使います。
　"if i == 0: q = 1"は「もしiが0だったら変数qは1だよ」といっています。**「==」の記号は比較を意味していて「=」は代入を意味して**います。"else: q = 2"は「それ以外（iが0じゃないとき）は変数qは2だよ」といっています。
　これも具体例を見る方が良いですね。上のブロック設置の例ではiが0になるのは、y軸方向に座標が0のときなので、一番下だけ石ブロックが設置されています。

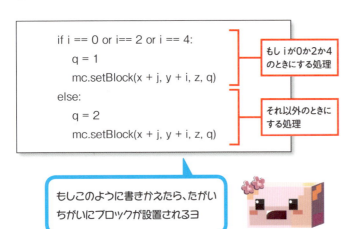

第2章
複雑な建築物を1発でポン！
～関数について知ろう～

接続完了したら早速Pythonを使ってマインクラフトに複雑な建築物を出していきましょう！
第2章では、関数について学びましょう。ここが理解できると豆腐建築とは一味違った映え形状が出せるようになりますよ。

関数ってなんだろう？

ブロックを設置しているのも、確か**関数**だったよね

そう! そのとおり!
ブロックメソッドも関数の1つよ。
関数は、便利なアクションをしてくれる道具ってところね

関数とは

関数とはあらかじめ決めておいた処理をするためのツールです。第1章で使ったplayer.getTilePos()や、setBlock()は、マインクラフト内のものにアクションをする**メソッド**と呼ばれるもので、関数の1つです。「あらかじめ決めておいた処理」と言われても、イマイチ意味が分からないと思いますが、ショッピングモールで手に入る便利な道具だと思って下さい。既に完成している家電みたいな道具もあれば、何かを作るのに良さそうなDIY用の部品みたいな道具もあります。

例えば、player.getTilePos()はマインクラフト内のプレイヤーの位置を確認するためのエアタグやGPSのような道具です。setBlock()はマインクラフトにブロックを置くクレーン車のような道具です。

player.getTilePos()メソッド

setBlock()メソッド

引数と戻り値

関数にはいくつか種類があり、大きく分けて**引数のある関数とない関数、戻り値のある関数とない関数**があります。P19のコードを参照しながら違いを見ていきましょう。

引数のある関数　ない関数

まず、引数があるないの違いは、関数の"()"(**カッコ**)の中に何か書いてあるかないか、でざっくり見分けてしまってOKです。**引数とは関数に渡す値**のことです。setBlock()メソッドは引数が必要な関数で、カッコの中に何も書かないと使えない仕組みになっています。P19のコードの10行目でmc.setBlock(x + 2, y, z + 2, block.STONE.id, 3)となっていますね。このカッコの中で","(**カンマ**)で区切った5つの値が引数です。

コードの5行目のmc.player.getTilePos()メソッドは引数のない関数で、カッコの中に何も書かずに使えます。

引数あり　ブロックを設置する関数

setBlock(x + 2, y, z + 2, block.STONE.id, 3)
① x座標　② y座標　③ z座標　④ ブロックの種類　⑤ 色

この関数の引数は5つあるね。❶❷❸で指定した場所にブロックを置いてくれるよ

❹❺のブロックの引数は1つで使えるものと2つで使えるものがあるヨ

引数なし　プレイヤーの位置情報を受け取る関数

player.getTilePos()　引数なし

引数なしで使えるよ。プレイヤーの位置を教えてくれる関数さ

引数がなくても"()"は必要だよ

関数ってなんだろう

戻り値のある関数　ない関数

　次に、戻り値があるないの違いは、結果が何か出てくるか出てこないかでざっくり見分けてしまってOKです。**戻り値とは、関数が処理して出したものを受け取った結果**です。player.getTilePos()メソッドはP19のコードの6〜8行目の「player_pos.x　player_pos.y　player_pos.z」でプレイヤーのいる(x,y,z)座標の値を返してくるので、戻り値のある関数です。

　コードの3行目のminecraft.Minecraft.create()はPythonとマインクラフトを繋げるための関数です。引数も渡さず戻り値もないので、はた目には何をしてるのかな？？という感じですが、これがないとマインクラフトとPythonが繋がらないんですヨ。

戻り値あり　プレイヤーの位置情報を受け取る関数

```
player.getTilePos()
```

戻り値

```
player_pos.x
player_pos.y
player_pos.z
```

❶ x座標
❷ y座標
❸ z座標

この関数を使うとプレイヤーの位置が戻り値として出てくるよ

なるほど、コード内では
　x = player_pos.x
　y = player_pos.y
　z = player_pos.z
として、**受け取った値を変数に代入して**使いやすくしているのね

戻り値なし　Pythonとマインクラフトを接続する関数

```
create()
```

戻り値なし

この関数を使うとマイクラとPythonが繋がるよ

引数もないし、戻り値もないけど重要な働きをしているんだね!

関数と引数、戻り値の関係をイメージでつかもう

関数は引数があったりなかったり、戻り値があったりなかったり、しかも引数の数がまちまち。混乱するんですけど〜！！と思いますよね。

焦らなくて大丈夫！「必要なときだけ出てくる」と覚えておいてください。

create()のイメージ

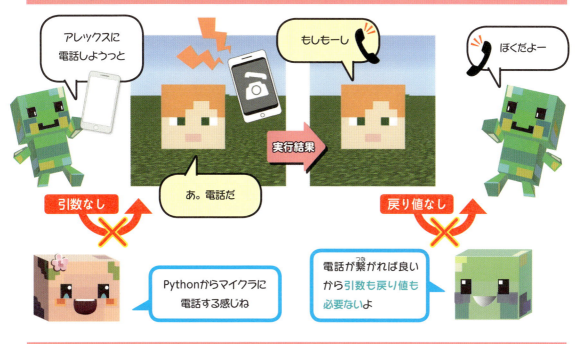

player.getTilePos()のイメージ

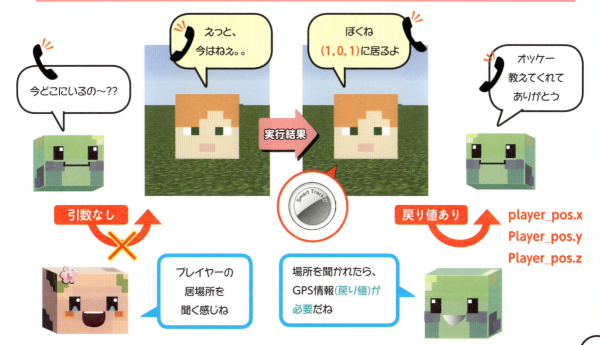

関数ってなんだろう

setBlock(x + 2, y, z + 2, block.STONE.id, 3)のイメージ

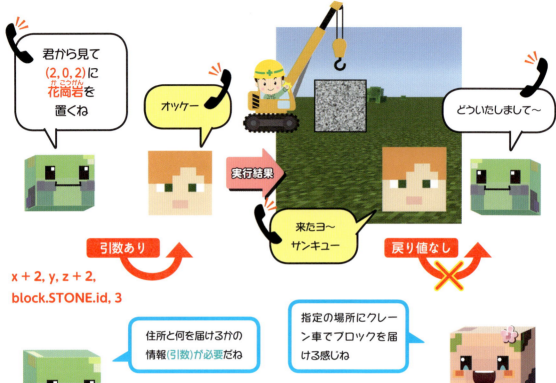

x + 2, y, z + 2,
block.STONE.id, 3

住所と何を届けるかの情報(引数)が必要だね

指定の場所にクレーン車でブロックを届ける感じね

マイクラ内に
アクションをする時に、
情報が必要な場合は
引数として渡したり、
戻り値として受け取ったり
するわけね

そうそう、そうやって考えれば関数の違いも理解しやすいじゃろ

mcpiライブラリの関数とPython標準ライブラリの関数

ここまでで紹介してきたマインクラフトにはたらきかけをする関数は、P13でダウンロードした**mcpiライブラリにある関数**を呼び出して使っています。

他にもPythonからマインクラフトに何か命令を出したいときは、Pythonの中に最初から入っている**Python標準ライブラリの関数**もよく使います。Python標準ライブラリのうち、よく活用するものを少し紹介しますね。

よく使うPython標準ライブラリの関数

関数などを読み込んで使えるようにすることを**インポート**と言うよ

時間を止める関数

```
from time import sleep

sleep(3)
```
引数:秒　戻り値:なし

sleep関数をインポートする

()内に代入した秒数プログラムが止まる

時刻を取得する関数

```
from time import time

current_time = time()
```
戻り値:秒　引数:なし

time関数をインポートする

秒の単位で時刻を受け取る

"current_time"という**変数**を作って、そこに戻り値を入れるよ。変数はデータの入れものみたいなもので、好きな名前にしてOK

平方根を求める関数

```
from math import sqrt

result = sqrt(9)
```
戻り値:数値　引数:数値

sqrt関数をインポートする

()に代入した値の平方根を受け取る

おお！これは引数も戻り値もある関数だね！

この例では$\sqrt{9}=3$が戻り値としてresultに代入されるよ

031

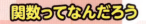

関数はまだまだ増やせるよ

　関数のことをショッピングモールで買える便利な道具に例えましたが、mcpiライブラリやPython標準ライブラリはそれぞれモール内にあるお店のようなものです。他にもお店や品物がいっぱいあって、お好みの道具を利用できます。

　道具は組み合わせたり、自分でアレンジすることで夏休みの工作のようにオリジナルガジェットが作れますよね。それと同じように関数もオリジナルのものを作れます。

関数を作って家を建ててみよう

オリジナル関数を作ろう!

さて、ここからはオリジナルの関数を作っていきましょう。自分だけの関数を書けるようになれば、プログラミングの幅がグイグイ広がります。

関数を書くときはいくつかお作法があるので、ポイントをおさえながらチャレンジ。まずはお手本通りにコードを書いてみましょう。

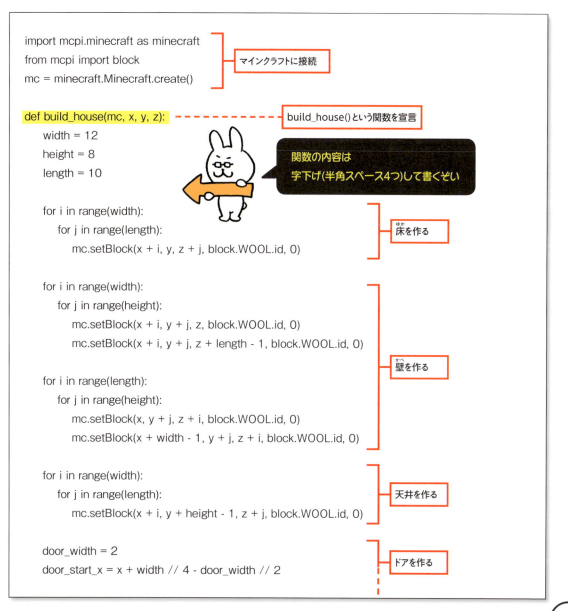

```
import mcpi.minecraft as minecraft
from mcpi import block                          ── マインクラフトに接続
mc = minecraft.Minecraft.create()

def build_house(mc, x, y, z):  ─────── build_house()という関数を宣言
    width = 12
    height = 8
    length = 10

    （関数の内容は字下げ（半角スペース4つ）して書くぞい）

    for i in range(width):
        for j in range(length):
            mc.setBlock(x + i, y, z + j, block.WOOL.id, 0)    ── 床を作る

    for i in range(width):
        for j in range(height):
            mc.setBlock(x + i, y + j, z, block.WOOL.id, 0)
            mc.setBlock(x + i, y + j, z + length - 1, block.WOOL.id, 0)

    for i in range(length):                                    ── 壁を作る
        for j in range(height):
            mc.setBlock(x, y + j, z + i, block.WOOL.id, 0)
            mc.setBlock(x + width - 1, y + j, z + i, block.WOOL.id, 0)

    for i in range(width):
        for j in range(length):                                ── 天井を作る
            mc.setBlock(x + i, y + height - 1, z + j, block.WOOL.id, 0)

    door_width = 2                                             ── ドアを作る
    door_start_x = x + width // 4 - door_width // 2
```

関数を作って家を建ててみよう

```
        mc.setBlock(door_start_x, y + 1, z, block.DOOR_WOOD.id, 3)
        mc.setBlock(door_start_x, y + 2, z, block.DOOR_WOOD.id, 8)         ドアを作る
        mc.setBlock(door_start_x + 1, y + 1, z, block.DOOR_WOOD.id, 6)
        mc.setBlock(door_start_x + 1, y + 2, z, block.DOOR_WOOD.id, 8)

        window_width = 4
        window_height = 3
        window_start_y = y + 3
        window_start_x = x + width - window_width - 2

        for i in range(window_width):
            for j in range(window_height):
                mc.setBlock(window_start_x + i, window_start_y + j, z, block.GLASS.id)

        for i in range(window_width):
            for j in range(window_height):                                                    窓を作る
                mc.setBlock(window_start_x + i, window_start_y + j, z + length - 1, block.GLASS.id)

        side_window_height = 4
        side_window_start_y = y + 3

        for j in range(side_window_height):
            mc.setBlock(x, side_window_start_y + j, z + length // 2, block.GLASS.id)
            mc.setBlock(x + width - 1, side_window_start_y + j, z + length // 2, block.GLASS.id)

        for i in range(width + 2):
            for j in range(length):
                mc.setBlock(x - 1 + i, y + height, z + j, block.WOOL.id, 14)
                                                                                   屋根を作る
        for i in range(width):
            for j in range(length + 2):
                mc.setBlock(x + i, y + height, z - 1 + j, block.WOOL.id, 14)

player_pos = mc.player.getTilePos()  -------- プレイヤーの位置情報を取得

x = player_pos.x + 5
y = player_pos.y - 1          x, y, z座標を定義
z = player_pos.z

build_house(mc, x, y, z)  -------- build_house()関数を実行
```

カンタンな豆腐建築で試すなら、窓やドアのコードを省いちゃっても良いわよ

第2章 複雑な建築物を1発でポン！ 〜関数について知ろう〜

え！！長い！！関数大変過ぎない！？と、うんざりしちゃいましたか？大丈夫です、気にすべきところはこの2か所だけです。

ポイント 1　関数の宣言

```
def build_house(mc, x, y, z):
```

> 家を建てる関数に「命名 build_house(mc, x, y, z)」と名前をつけるようなイメージじゃ。名無しだと、あとで"あれだよ！アレ！赤い屋根の建物を設置する道具(関数)"と混乱してしまうじゃろ

ここで**関数を宣言**しています。宣言というのは、このあと"build_house()"という関数を作りますよ、とコンピュータに伝えています。この宣言のあとに**字下げ**（半角スペース4つ）して書かれている内容が関数になります。

ポイント 2　関数の呼び出し

```
build_house(mc, x, y, z)
```

> 名前をつけたから、いつでもお目当ての道具(関数)が取り出せるのね

ここで**関数を呼び出し**ています。def build_house(mc, x, y, z):以下で書いた関数をここで実行します。関数を作っておけば、何度でも呼び出すことができます。

では試しに実行してみましょう。

> 関数の中で書いた内容が実行されて家が設置されました。

では次にbuild_house(mc, x, y, z)の下に以下のコードを書き足して実行してみましょう。

```
build_house(mc, x + 15, y, z)
```

> お隣にそっくり同じ家が建ちました。

> 関数を作っておけば、同じ作業がカンタンにできるってわけ〜

関数を作って家を建ててみよう

　2回目の実行をしてみて、関数が便利な気がする！！と思いませんでしたか？そうです、関数で先に処理をまとめて書いておけば、同じことをしたい時に繰り返しコードを書かなくて済むんです。
　どんなイメージかというと、関数を利用しない場合、家の資材を現場に運んできて1軒(けん)づつ組み建ててあげる必要があります。一方で関数を利用する場合、丸ごと家が1軒でき上がった状態で工場に待機しているので、運んできて設置するだけで済みます。

関数を利用しない時のイメージ　　　　　関数を利用する時のイメージ

mcpiライブラリの関数を利用した関数の書き方

関数の宣言方法（例）

```
def 関数A(mc, 引数1, 引数2, 引数3):
    □□□□ 関数の内容
```

関数の宣言　「:」で終わる

字下げ（半角スペース4つ）した部分に書かれたものが1つの関数とみなされる

SetBlockのようなマイクラ専用のメソッドを関数に利用する場合、引数には最初に"mc"を入れるよ

(x,y,z)座標が変数(へんすう)として必要な場合、引数は3つ使うよ。呼び出す時に必要になる引数を入れよう

関数を呼び出す方法

```
関数A(mc, 引数(ひきすう)1, 引数2, 引数3)
```

036

便利なメイン関数

さて、もう一つ関数の書き方を紹介しておきたいと思います。Pythonでは**メイン関数**というものが必須ではないのですが、複雑なコードになった場合あとで読み返すのも、友達にシェアして読んでもらうのも、便利なので覚えておきましょう。

パターン1　関数を使った時のイメージ

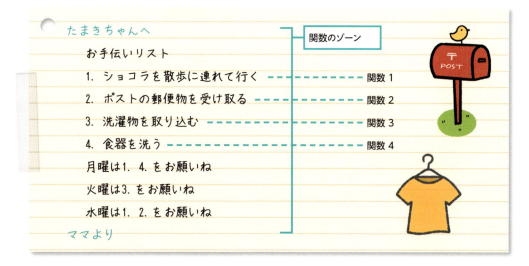

パターン2　関数とメイン関数を使った時のイメージ

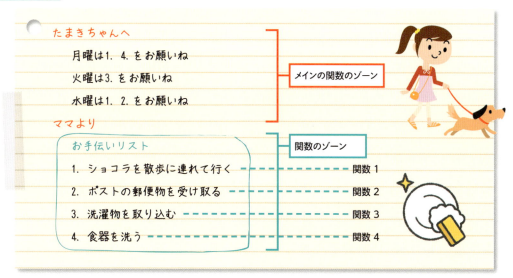

さてどっちのメモが読みやすいですか？メモの長さはどちらもあまり変わらない印象ですが、パターン1は関係ないお手伝いの内容も全部を読んでから、今日のお手伝いは何番かな？とチェックすることになりますね。パターン2は今日のお手伝いは何番かな？とチェックしてからその内容だけ読めば済みますよね。

プログラミングは「スッキリ読みやすく書く」のも重要なコツの1つです。

便利なメイン関数

 ## 関数とメイン関数を使って家を設置しよう

P33〜35で書いたコードに以下の、マーカーしたメイン関数のコードを書き加えてみましょう。

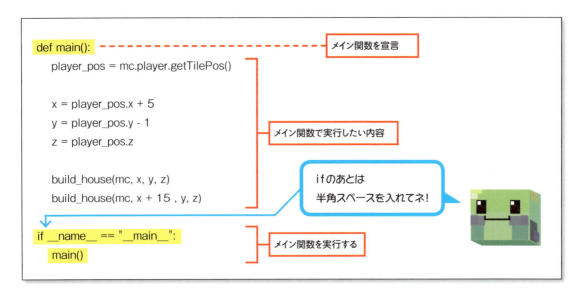

このように、実行したい関数をメイン関数でくくってあげると、このプログラムは何をしたいのかな？と最初に注目すべき箇所が見つけやすくなりますね。

では、念のため実行して確認してみましょう。

結果はP33と同じ家が設置されますね。

build_house()関数の引数を変えて書き足せば、このようにあっという間に集合住宅の建設ができます。

ミッションに挑戦！

さーて、こっからはミッションに挑戦してみよう。作ったコードはオリジナル召喚コマンドとして使えるよ〜！

スノーゴーレムを召喚しよう

スノーゴーレムを出現させる関数を作って、マイクラ内に出してみよう。

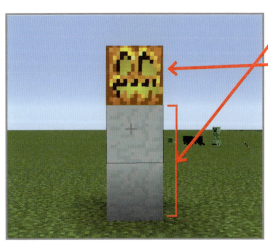

❶ 雪ブロックを縦に2つ積む

❷ その上にジャック・オ・ランタンを置く

で召喚できるよ

スノーゴーレムのブロック引数

雪ブロック	block.SNOW_BLOCK.id
ジャック・オ・ランタン	91

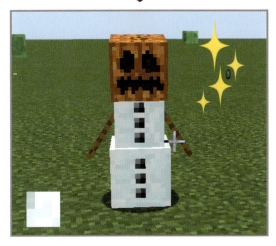

雪ブロックは引数に80を使ってもOKよ

雪ブロックの上にジャック・オ・ランタンを乗せた瞬間、スノーゴーレムに変身するよ

039

ミッションに挑戦！

ミッション 1 こたえ（例）

```python
import mcpi.minecraft as minecraft
from mcpi import block

def summon_snow_golem(mc, x, y, z):
    mc.setBlock(x, y, z, block.SNOW_BLOCK.id)
    mc.setBlock(x, y + 1, z, block.SNOW_BLOCK.id)

    mc.setBlock(x, y + 2, z, 91)

def main():
    mc = minecraft.Minecraft.create()

    player_pos = mc.player.getTilePos()

    x = player_pos.x + 5
    y = player_pos.y
    z = player_pos.z

    summon_snow_golem(mc, x, y, z)

if __name__ == "__main__":
    main()
```

- マインクラフトに接続
- 関数を定義
- ブロックを設置
- summon_snow_golem()（スノーゴーレムを召喚）という名前にしたけど、好きな名前でOKだよ
- メイン関数を利用してsummon_snow_golem()関数を呼び出す

Python（Thonny画面）から実行しても良いですが、一度保存したコードはマインクラフトからも実行できます。コマンド画面から以下のように打ち込めば、いつでもスノーゴーレムを召喚できますネ！

コマンド画面から召喚する方法

❶ /py □ファイル名
※サンプルコードを使う場合は
/py summon_snow_golem と入力

❷ Enter をタップ

クリーパーに向かって
雪玉投げてる！
カワイイ～♡

第2章 複雑な建築物を1発でポン！ ～関数について知ろう～

ミッション2 アイアンゴーレムをたくさん召喚しよう

アイアンゴーレムをたくさん出現させる関数を作って、マイクラ内に出してみよう。

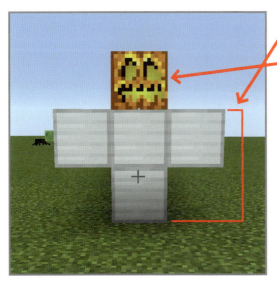

❶ 鉄ブロックをT字型に積む

❷ その上にジャック・オ・ランタンを置く

で召喚できるよ

アイアンゴーレムのブロック引数

鉄ブロック	block.IRON_BLOCK.id
ジャック・オ・ランタン	91

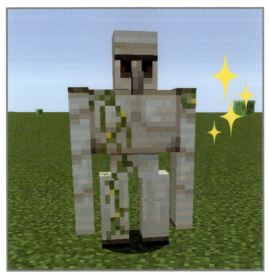

鉄ブロックは引数に42を使ってもOKだよ

アイアンゴーレムをたくさん召喚するためには、引数を変えた関数をいくつか並べれば良さそうだね。

関数を呼び出すところでループを利用するのもアリなんじゃない？

041

ミッション2 こたえ（例）

```
import mcpi.minecraft as minecraft
from mcpi import block                          ── マインクラフトに接続
from time import sleep

def summon_iron_golem(mc, x, y, z):  ──────── 関数を定義

    mc.setBlock(x, y, z, block.IRON_BLOCK.id)
    mc.setBlock(x, y + 1, z, block.IRON_BLOCK.id)

    mc.setBlock(x - 1, y + 1, z, block.IRON_BLOCK.id)   ── ブロックを設置
    mc.setBlock(x + 1, y + 1, z, block.IRON_BLOCK.id)

    sleep(3)

    mc.setBlock(x, y + 2, z, 91)

def main():
    mc = minecraft.Minecraft.create()

    player_pos = mc.player.getTilePos()

    x = player_pos.x + 1
    y = player_pos.y
    z = player_pos.z - 5

    for i in range(5):
        summon_iron_golem(mc, x, y, z + i)

if __name__ == "__main__":
    main()
```

ジャック・オ・ランタンを乗せる前に3秒ストップしてみたよ。これでアイアンゴーレムに変化する瞬間が見られるよ♪

メイン関数を利用してsummon_iron_golem()関数を呼び出す

関数を呼び出す部分ではループを実行して、5体アイアンゴーレムが出現するようにしてみたよ

第2章 複雑な建築物を1発でポン！ 〜関数について知ろう〜

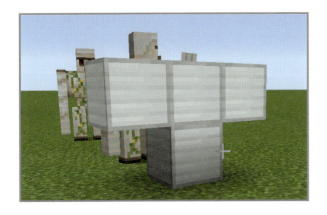

実行すると、まずT字型のブロックが設置されてから、ジャック・オ・ランタンがその上に設置されます。
すると、ブロックはアイアンゴーレムに変身します。

※サンプルコードを使う場合は
/py summon_iron_golem と
コマンド入力してEnter

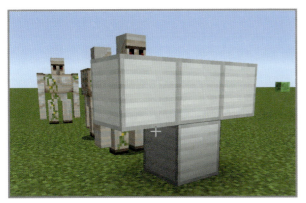

頭が乗ったとたんに、アイアンゴーレムになる〜！

次々とアイアンゴーレムになって、5体のアイアンゴーレムが召喚されます。

ループを100回まわせば一気に100体のアイアンゴーレムが召喚できちゃう！

どこでもポータル

idea-village.com/
minecraft2/furoku.zip

アレンジしてみよう!の
コードは『付録』を使ってピ。
詳しくはP3を見てピヨ

コマンドアレンジで、エンドポータルとネザーゲート、両方出せるよ

 付録1 **portal2.py** をダウンロードして遊んでみよう

1つのファイルからエンドとネザーのどちらかお好みのポータルを呼び出すことができる仕組みになっています。まずダウンロードファイルをPython(パイソン)ファイルの保存先に保存しましょう。次に、コマンド画面から以下のどちらかを実行してみましょう。

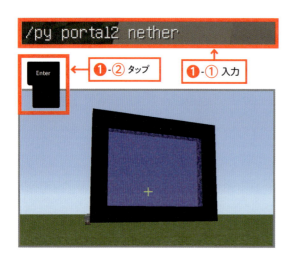

❶-① コマンド画面から
/ py portal2 nether と入力

❶-② Enter をタップして実行

どっちも半角スペースを空けながら入力して「Enter」ボタンをタップね。

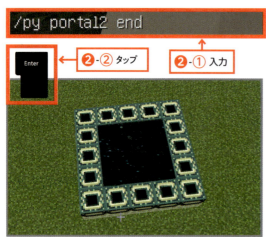

❷-① コマンド画面から
/py portal2 end と入力

❷-② Enter をタップして実行

違う結果が出た!

付録1 の仕組みを見てみよう

このコードのポイントは2つあります。1つ目のポイントはネザーゲートとエンドポータルを作るためのブロック設置を関数にしたことです。

ポイント1 2つの異なる関数を作る

ネザーゲートを設置する関数

```
def create_nether_portal(x, y, z):
    mc.setBlocks(x + 4, y + 1, z + 1, x + 4, y + 7, z + 9, 49)
    mc.setBlocks(x + 4, y + 2, z + 2, x + 4, y + 6, z + 8, 51)
```
各座標の始点　　　各座標の終点

mc.setBlocks()は複数のブロックをまとめて設置するときに便利だよ

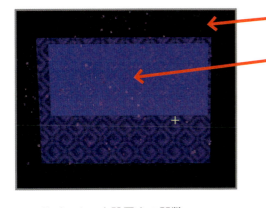

黒曜石
火打ち石

ネザーの外枠(黒曜石)は4×5以上の大きさにしてね

ネザーゲートのブロック引数

黒曜石	49
火打石	51

エンドポータルを設置する関数

```
def create_end_portal(x, y, z):
    mc.setBlocks(x, y, z, x + 4, y, z + 4, 120)
    mc.setBlocks(x + 1, y, z + 1, x + 3, y, z + 3, 119)
```

エンドの外枠は5×5にしてあるけど、角の4つは無くても良いよ

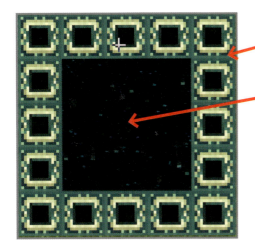

エンドポータルフレーム
エンダーアイ

エンドポータルのブロック引数

エンドポータルフレーム	120
エンダーアイ	119

アレンジしてみよう！ どこでもポータル

ポイント2 引数の内容によって異なる結果を出す

2つ目のポイントはコマンド入力している文字の引数を見て、アクションを変えるアレンジをしたことです。コードの中で以下のように**if文**(P24)を応用して**場合分け**をしました。

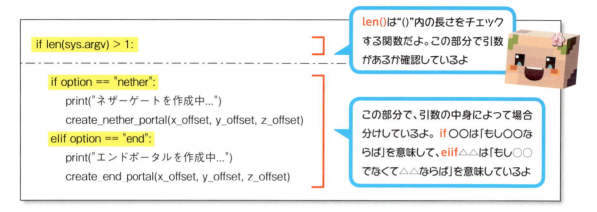

まず引数があるかどうかをチェックして、次にコマンド画面から入力した引数は何かな？と違いを見分けられるようにしています。

具体的には、コマンド画面から以下のように入力するとPython側で違いを理解できるようになっています。

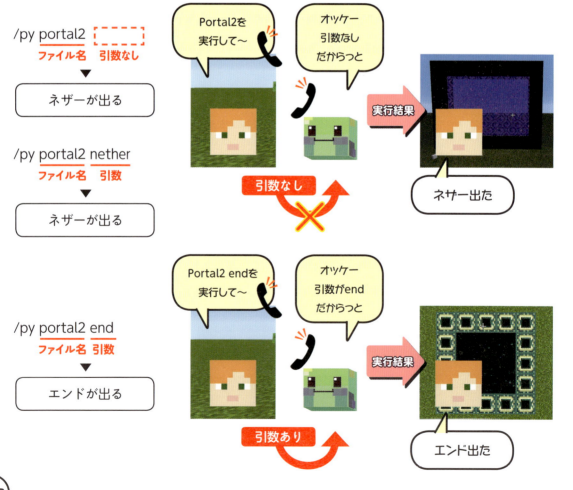

第3章
Pythonだけのスゴ建築
～スーパーオリジナル関数を作ってみよう～

関数の仕組みが分かってきたところで、今度は更に面白い関数を作っていきましょう。第3章では、**独自の数式関数**にしていきます。mcpiライブラリの関数だけでは作れない、迫力のある建築物を設置できるようになりますよ。

本章のクエスト

スタート！

→ **数式を使った関数**について知ろう

空に浮く大きな球が出せるわよ～！

→ **球体**を出してみよう

→ ミッションに挑戦

大型の円筒の建物を建設してみるよ

円盤やアーチにアレンジしちゃおう

→ ガラス張り植物園を出してみよう

→ ゴール！

数式を利用した関数

プログラムの中で計算するっていう話なの？

そうそう。数式とその計算結果を使って、自分独自の関数も作れるよ

数式を関数にするってどういうこと？

第2章までは
①ライブラリにある関数をそのまま使う
②ライブラリにある関数をまとめたりアレンジする

の2種類を紹介してきました。それだけでも建築物を設置したり、アイテムを出したり、マインクラフト内に楽しいアクションを仕掛けられますが、ここからはもっと面白いことにチャレンジしましょう。それが今から紹介する**数式を利用した関数**です。

関数とはショッピングモールで買える便利な道具でしたね。mcpiライブラリやPython標準ライブラリの関数は1つでも使える完成した道具です。

数式を利用した関数は、100均でツールや部品を買ってきて、1から何か作ったり、もとある道具を改造して完成させる新たな道具です。ちょっと工夫が必要ですが、その代わりどこにもないオリジナルの道具が作れます。

計算結果を出す関数を作ってみよう

まず最初に簡単な数式を関数にしてみましょう。お手本どおりにコードを書いてください。

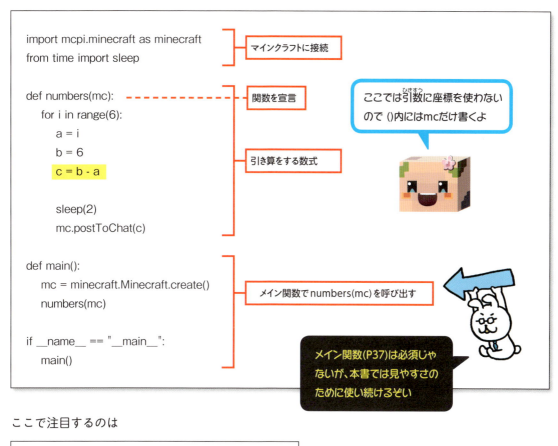

ここで注目するのは

```
c = b - a
```

だけでOKです。

「b − aを計算するよ」というとてもシンプルな関数を作っています。そして、計算結果をマインクラフトの画面に出すようにしました。試しに実行してみましょう。

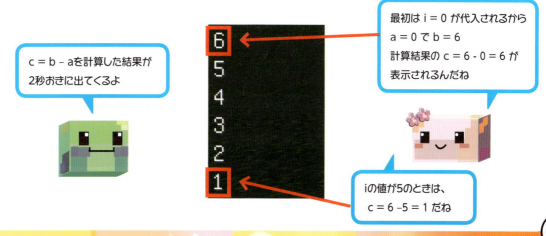

数式を利用した関数

このようにi=0〜5までの値が順番に代入された結果がチャット画面に表示されます。**とても簡単な引き算ですが、計算結果を出す関数の完成**です。ではお次に計算結果をマインクラフトのワールド内にも表示する形にアップデートしてみましょう。

計算結果を利用した関数を作ってみよう

では次に先ほど作った関数を利用して、マインクラフト内にブロック設置する関数にアレンジした以下のコードを書いてみてください。

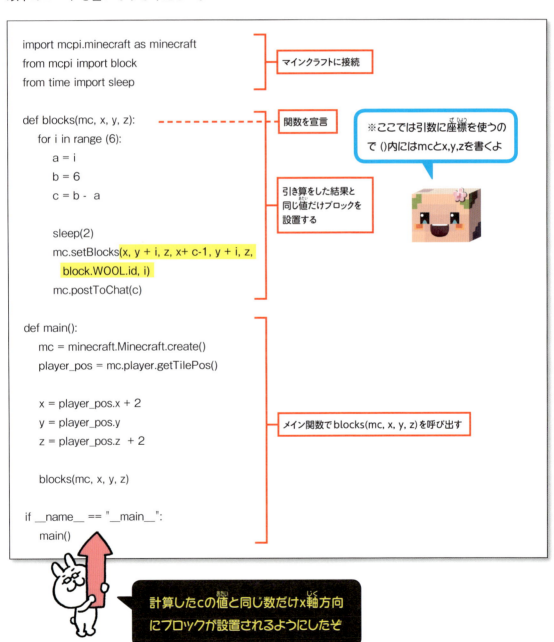

```python
import mcpi.minecraft as minecraft
from mcpi import block
from time import sleep

def blocks(mc, x, y, z):
    for i in range(6):
        a = i
        b = 6
        c = b - a

        sleep(2)
        mc.setBlocks(x, y + i, z, x+ c-1, y + i, z,
            block.WOOL.id, i)
        mc.postToChat(c)

def main():
    mc = minecraft.Minecraft.create()
    player_pos = mc.player.getTilePos()

    x = player_pos.x + 2
    y = player_pos.y
    z = player_pos.z  + 2

    blocks(mc, x, y, z)

if __name__ == "__main__":
    main()
```

- マインクラフトに接続
- 関数を宣言
- ※ここでは引数に座標を使うので()内にはmcとx,y,zを書くよ
- 引き算をした結果と同じ値だけブロックを設置する
- メイン関数でblocks(mc, x, y, z)を呼び出す

計算したcの値と同じ数だけx軸方向にブロックが設置されるようにしたぞ

実行して結果を見てみましょう。

結果が出る順番	繰り返し処理の回数 i	計算式 c＝b-a	チャット画面	ワールド内
↑	i＝5 のとき	c＝6-5	1	
	i＝4 のとき	c＝6-4	2	
	i＝3 のとき	c＝6-3	3	
	i＝2 のとき	c＝6-2	4	
	i＝1 のとき	c＝6-1	5	
	i＝0 のとき	c＝6-0	6	

これまたシンプルですが、2秒おきに計算した結果と同じ数だけブロックが積み重ねられて階段状のブロックが設置されました。これにて**計算結果を利用した関数**のアップデート完了です。

引き算した数の
ブロックが積まれても
あまり面白くないよね。。

ちょいちょい待って、
計算結果は
使い方次第なんだって！

次からのページ見たら
腰抜かすぞい

空に浮く球体を出してみよう

ついにスゴそうなのが出てきたね!
でも逆にどうやって出すか
想像もつかないや…

ここからが計算結果を利用した
関数の本領発揮よ！

球の公式を使って関数を作ってみよう

計算結果を利用した関数は、使い方を工夫すればダイナミックで複雑な建築物を設置するコマンドに早変わりしますよ。まずは以下のようにコードを書いてみましょう。

```
import mcpi.minecraft as minecraft      ── マインクラフトを呼び出す
from mcpi import block

def create_sphere(mc, center_x, center_y, center_z, r):  ── create_sphereという関数を宣言
    for z in range(-r, r + 1):                            ── z軸方向に−r〜r+1でループを実行する
        for y in range(-r, r + 1):                        ── y軸方向に−r〜r+1でループを実行する
            for x in range(-r, r + 1):                    ── x軸方向に−r〜r+1でループを実行する
                if (x**2 + y**2 + z**2) <= r**2:
                    mc.setBlock(
                        center_x + x,
                        center_y + y + r,                 ── 球を設置する関数
                        center_z + z,
                        block.STAINED_GLASS.id, 9)
```

条件式を満たしている場所に
ガラスブロックを設置するよ
うにしてあるぞ

第3章 Pythonだけのスゴ建築 〜オリジナル関数を作ってみよう〜

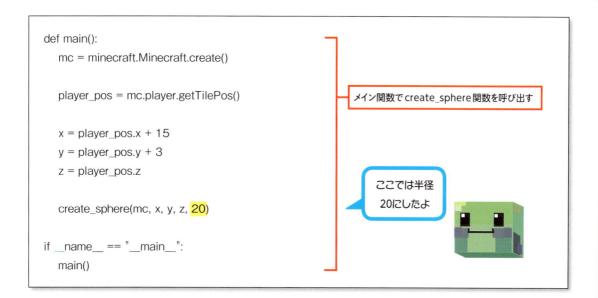

このコードで注目すべきなのはマーカー部分の**球の条件式**です。

```
if (x**2 + y**2 + z**2) <= r**2:
```

この式はコンピュータが読めるお作法で書いていて「**」の記号は**乗算**を意味しています。つまり、x**2 は x^2 のことで**xの値を二乗**するよ、といっています。

(x**2 + y**2 + z**2) <= r**2 を普通の数式で書くと
$x^2 + y^2 + z^2 \leq r^2$ と同じになります。

これは球をあらわす公式です。高校数学で出てくるのが一般的なので、ここではあまり難しく考えずに以下のことだけ頭の片隅に置いておいてください。

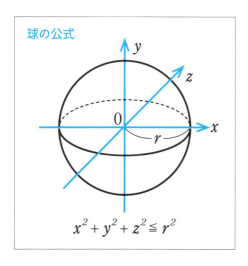

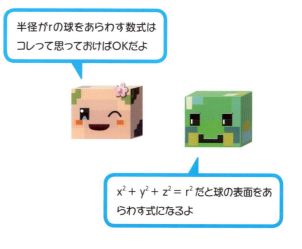

空に浮く球体を出してみよう

空に球体を出して条件式を見える化しよう

頭がごちゃごちゃしてきちゃった！！と思っても全然心配なしですよ。とりあえず実行してみましょう。目で見てみれば数式の意味もナットクです。

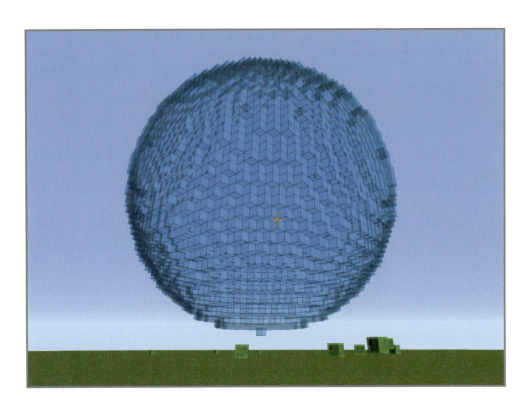

わーー!! 空に大きな球体が出現したぞ!!

これは初めて見るスゴイ建築だわ!! コレよ、コレ!私が作りたかったやつ!

どうでしょう？関数の中に球の式を組み込んであげただけで、このようにまぁる〜い大きな球が設置できました。もしこれを手作業で作ろうと思ったらかなり大変だと思いませんか？？

改めて球の条件式を見てみましょう。

```
if (x**2 + y**2 + z**2) <= r**2:
```

とありましたね。この式を満たすのは、球の表面と球の内側の座標ということになります。

この式を利用したことで、**球の内側にはガラスブロックを設置して、外側には何も設置しない**というプログラムにアレンジできたんですね。

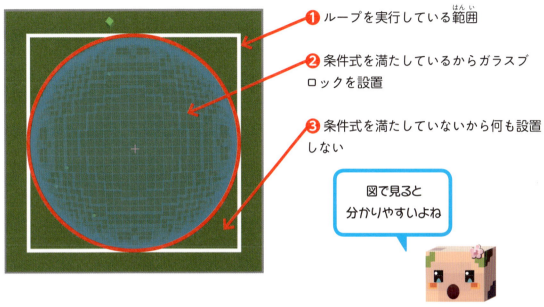

❶ ループを実行している範囲

❷ 条件式を満たしているからガラスブロックを設置

❸ 条件式を満たしていないから何も設置しない

図で見ると分かりやすいよね

円の公式を使って関数を作ってみよう

条件式次第で綺麗な形が設置できることが分かりましたね。ということは、他の公式を使ったり、自分で作った数式を使って関数を作れば、豆腐建築にはない複雑な形状が次々作れそうですね。

試しに球の公式を円の公式に置きかえてコードをアレンジするとどうなるでしょうか？ちょっと考えてみて下さい。円の公式は球よりシンプルで以下の公式を使えばOKです。

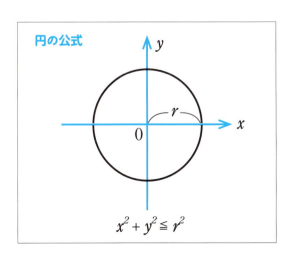

円の公式

$$x^2 + y^2 \leq r^2$$

x、y、軸方向だけ考えればいいんだね。奥行きが無い分シンプルだ♪

空に円盤を出してみよう

一例として、関数の部分を以下のように書きかえて実行してみてください。

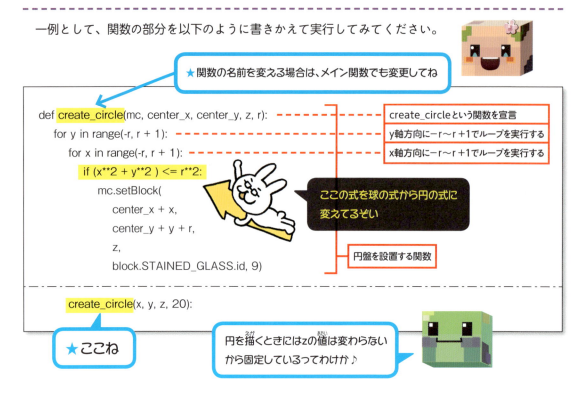

すると、空に円盤が出現するはずです。円の式を使って、円の表面とその内側にはガラスブロックを設置する関数の出来上がりです。

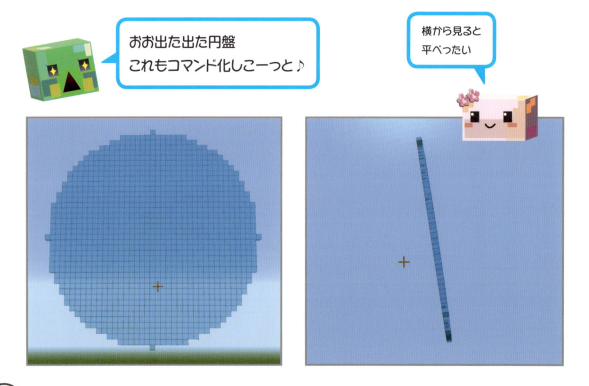

ミッションに挑戦!

さーて、次なるミッションは、空に浮くレコードや楕円型の球を出してみるよ。ここができれば関数マスター!!

ミッション 3　レコードを出してみよう

　円盤を出す関数をアレンジして、レコード型のブロックを設置してみましょう。各円盤のブロックの引数はお好みでOKですよ。

半径の違う円盤の式を組み合わせればできそう

レコードの引数(例)

❶ エアブロック: block.AIR.id

❷ 青緑のウールブロック: block.WOOL.id,9

❸ 黒曜石:49

そもそもレコードってなに??

なんと!? 知らんとな!?

音の出る円盤じゃ!

ミッション3 こたえ（例）

以下のように円盤を出す関数の中に数式を書き足すだけでOKです。
※ここでは関数の名前を create_circle ☞ create_record に変更しました。その場合はメイン関数も create_record に変更してくださいね。

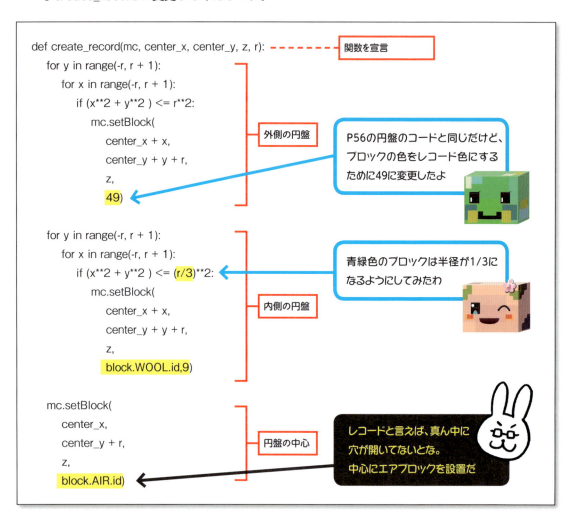

第3章 Pythonだけのスゴ建築 ～オリジナル関数を作ってみよう～

　円盤を作る関数の中に書いている式の半径の大きさを変えて、式をもっと増やせばこんな形も出せますね。

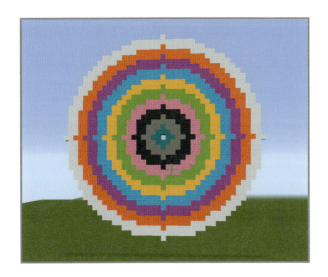

レコードのコードでは円盤を2つ重ねたけど、これは10個重ねたんだね

ダーツの的みたいになった〜
矢を撃ってみようかな

　他にも、円盤の中心をずらして、関数を複数呼び出せば、こんな形だって出せちゃいます。

わー、ステンドグラスのアーチが並んでる

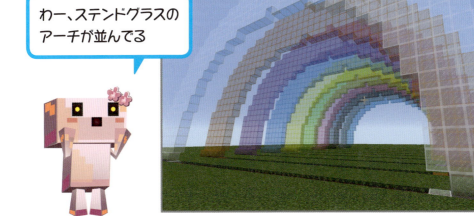

こっちは、重ねた2つ目の円盤をエアブロックにしているんだね

ミッションに挑戦！

ミッション 4 楕円体を設置しよう

楕円の公式を利用した関数を作って、マインクラフト内に楕円体を出してみよう。

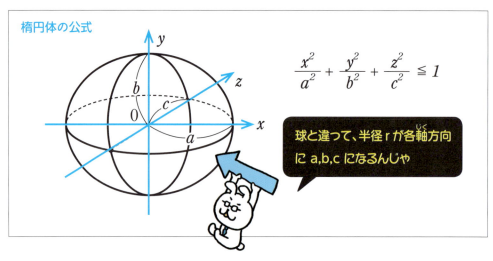

楕円体の公式

$$\frac{x^2}{a^2} + \frac{y^2}{b^2} + \frac{z^2}{c^2} \leq 1$$

球と違って、半径 r が各軸方向に a, b, c になるんじゃ

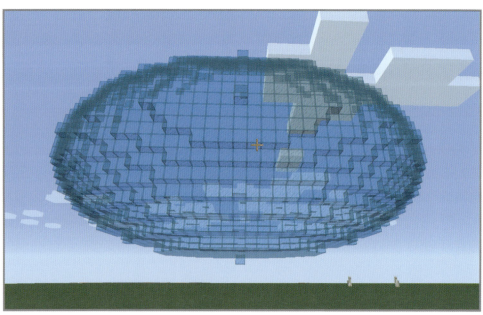

難しく考えなくても大丈夫、関数に使う公式を置き換えるだけでこんな形が出るはずだよ

ステキ！これを土台にして飛行船でも作ろうかしら

第3章 Pythonだけのスゴ建築 ～オリジナル関数を作ってみよう～

ミッション4 こたえ(例)

球を設置するプログラムのうち、関数の部分を以下のように書きかえればOKです。
※関数の名前は create_sphere ☞ create_ellipsoid にしてあるよ。

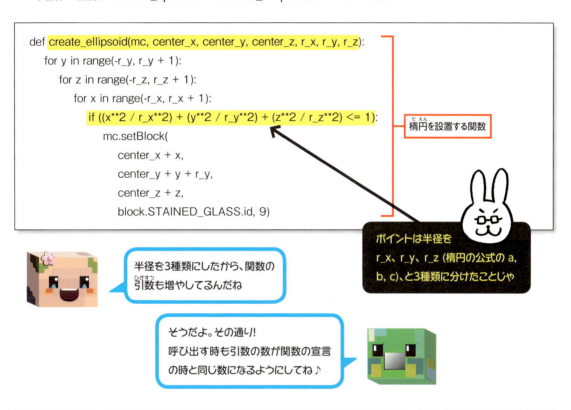

```
def create_ellipsoid(mc, center_x, center_y, center_z, r_x, r_y, r_z):
    for y in range(-r_y, r_y + 1):
        for z in range(-r_z, r_z + 1):
            for x in range(-r_x, r_x + 1):
                if ((x**2 / r_x**2) + (y**2 / r_y**2) + (z**2 / r_z**2) <= 1):
                    mc.setBlock(
                        center_x + x,
                        center_y + y + r_y,
                        center_z + z,
                        block.STAINED_GLASS.id, 9)
```

楕円を設置する関数

ポイントは半径を r_x、r_y、r_z (楕円の公式のa, b, c)、と3種類に分けたことじゃ

半径を3種類にしたから、関数の引数も増やしてるんだね

そうだよ。その通り!
呼び出す時も引数の数が関数の宣言の時と同じ数になるようにしてね♪

```
create_ellipsoid(mc, center_x, center_y, center_z, 10, 20, 100)
```

```
create_ellipsoid(mc, center_x, center_y, center_z, 10, 50, 30)
```

呼び出す半径の値を変えるだけで楕円体をこ～んな形にするのもちょちょよい

061

ガラス張り植物園

> 公式を操れば、素敵な建物も関数で設置できちゃう。コマンド化して好きな場所に建てちゃおう！

P3の付録をダウンロードして使ってピ

 付録2 botanical_garden.pyをダウンロードして遊んでみよう

　円や球の式を応用すれば、豆腐建築とは一味違う建物を一発設置できるようになります。うっそうとした場所を整地して綺麗な植物園を立てる仕組みにしてあるので、スーパーフラットではなく、普通のワールドで試してみると楽しいですよ。

ボーボーだった草地から、ガラス張りの巨大植物園があらわれた！

動物のいるところで設置すればふれあい動物園になるよ♪

第3章　Pythonだけのスゴ建築　～オリジナル関数を作ってみよう～

 付録2 の仕組みを見てみよう

```
def create_cylinder(mc, x_center, y_center, z_center, r, height):
    for y in range(y_center, y_center + height):
        for angle in range(0, 360):
            rad = math.radians(angle)
            x = x_center + int(r * math.cos(rad))
            z = z_center + int(r * math.sin(rad))
            mc.setBlock(x, y, z, block.STAINED_GLASS.id, 9)
    create_filled_circle(mc, x_center, y_center + height, z_center, r)
```

❶ 植物園全体を作る関数

関数の中に別の関数を組み込む
※ここのかたまりより上で宣言した、円盤を作る関数を呼び出している

ここで、あらかじめ def create_filled_circle で仕込んでおいた円盤型の天井を設置しとるんじゃよ

　ここで紹介する関数は今までの方法をさらにひと工夫。カッコよくて難しいコードに挑戦したい人には是非紹介しておきたい関数があります。

```
for y in range(y_center, y_center + height):
```

植物園の高さ y_center ～ y_center + height までループを実行します。

```
        for angle in range(0, 360):
```

植物園の外周 0 ～ 360 度までループを実行します。

```
            rad = math.radians(angle)
```

　ここで **math.radians()** というメソッドを呼び出しています。Python標準ライブラリの中に**数学の関数をまとめた math モジュール**というのがあり、**三角関数や平方根といった計算をしてくれる関数**が入っています。
　この行では角度を「度の単位」から「ラジアン（πを基準にした単位）」に変換しています。何のために変換するかと言うと、それが次の行のココ

```
            x = x_center + int(r * math.cos(rad))
```

math.cos() という関数を利用するためです。この行で、植物園の外周上の点のx座標を求めています。

```
            z = z_center + int(r * math.sin(rad))
```

この行で、math.sin() という関数を利用して植物園の外周上の点の z 座標を求めています。

ハッキシ言ってむずい!!
ざっくり、植物園を建てるコードのかたまりって思っておこうっと

063

アレンジしてみよう！ガラス張り植物園

次に円筒の周りだけを整地して芝生にします。こちらは細かく説明しませんが、植物園を作るのと同じ要領でぐるっと円の周がどこにあるかな？とチェックしながら、内側は整地しない、外側は整地する、という関数が書いてあります。

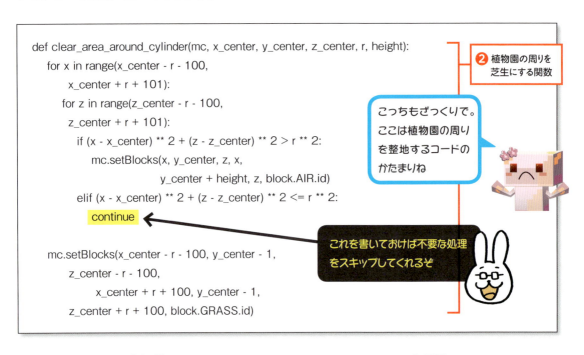

❷ 植物園の周りを芝生にする関数

こっちもざっくりで。ここは植物園の周りを整地するコードのかたまりね

これを書いておけば不要な処理をスキップしてくれるぞ

```python
def clear_area_around_cylinder(mc, x_center, y_center, z_center, r, height):
    for x in range(x_center - r - 100,
                   x_center + r + 101):
        for z in range(z_center - r - 100,
                       z_center + r + 101):
            if (x - x_center) ** 2 + (z - z_center) ** 2 > r ** 2:
                mc.setBlocks(x, y_center, z, x,
                             y_center + height, z, block.AIR.id)
            elif (x - x_center) ** 2 + (z - z_center) ** 2 <= r ** 2:
                continue

    mc.setBlocks(x_center - r - 100, y_center - 1,
                 z_center - r - 100,
                 x_center + r + 100, y_center - 1,
                 z_center + r + 100, block.GRASS.id)
```

実行前　　　　　　　　　　　　　実行後

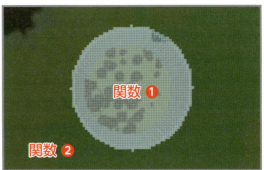

植物園を上から見た様子

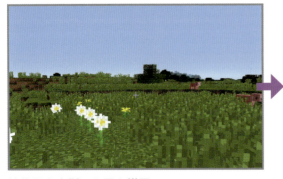
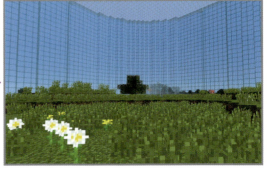

植物園を内側から見た様子

イイ感じの場所を生かして植物園化する仕組みだよ

第4章

お気に入り建築を保存
〜ファイルの入出力で移築をしよう〜

マイクラあるあるの1つに、頑張って作った建築物を大切にとっておきたいな、他の
ワールドにも建てたいな、ということありますよね。

第4章では、建物の情報をファイルに出力する・ファイルから読み込む、にトライしま
しょう。ファイルの読み書きができれば、神建築がいつでも出せます。

本章のクエスト

スタート！

ファイル出力
してみよう

ファイルを扱える
ようになるぞ

ファイル読み込みを
してみよう

ミッションに挑戦

ワールド内の建物を
コピーできちゃうよ!

綺麗な
モザイクブロック
を出そう

森の洋館を
移築してみよう

ゴール！

ブロックの情報を ファイル出力してみよう

ファイルってなに？？

プログラムを実行した時の結果を、しまってとっておけるのよ

ファイルを出すってなんのため？

ここまでプログラミングをしながら実行結果を見てきた皆さんなら想像がつくと思いますが、プログラムを書きかえると毎回違う結果が出ますよね。そして「アレ？？さっきはどういう建物が建ったっけ？」とか「2回前の結果の方が良かったなぁ、でもコードを覚えてない！汗」ということありませんでしたか？

そんな時に便利なのが**ファイル出力（ファイルに書き出す）**です。**プログラムを実行した結果（データ）をそのつど保存**しておけます。

ファイル入出力のイメージ

ヒヨコちゃんをプログラムの中のデータだとします。

ボクはプログラムの中に住むデータちゃんです

プログラムを実行するとデータは次々生まれます。そこで、大事なデータは

迷子にならないように、箱（**ファイル**）に入れてとっておきます

は〜い♪
データちゃんたち〜出ておいで
整頓してとっておけば必要な時に、箱から取り出して活用できます

066

第4章　お気に入り建築を保存〜ファイルの入出力で移築をしよう〜

ファイルに書き出すコードを書いてみよう

ファイルに情報を書き出すプログラムを書いてみましょう。まずはお手本通りにコードを書いてみて下さい。

```python
import mcpi.minecraft as minecraft
from mcpi import block
import random

def place_and_save_cube(mc, x, y, z, size, filename):
    wool_colors = []

    for i in range(size):
        for j in range(size):
            for k in range(size):
                color = random.randint(0, 15)
                mc.setBlock(x + i, y + j, z + k, block.WOOL.id, color)
                wool_colors.append((i, j, k, color))

    with open(filename, 'w') as file:
        for info in wool_colors:
            file.write(f"{info[0]},{info[1]},{info[2]},{info[3]}\n")

def main():
    mc = minecraft.Minecraft.create()

    player_pos = mc.player.getTilePos()
    x = player_pos.x +2
    y = player_pos.y
    z = player_pos.z +2

    size = 5

    filename = "wool_colors.txt"

    place_and_save_cube(mc, x, y, z, size, filename)

if __name__ == "__main__":
    main()
```

❶ ランダムな色でモザイク柄のブロックを設置する

❸ ブロックを設置して、ファイルを書き出す関数

❷ ブロックの座標と色の情報をファイルに書き出す

メイン関数でplace_and_save_cube()関数を呼び出して実行する

このプログラムはわざとランダムな色の羊毛ブロックが出るようにしているよ

ランダムな色にするためにrandom.randint()関数(ランダム関数)で乱数というのを使っとるぞ

ブロックの情報をファイル出力してみよう

まずはマインクラフト画面で見てみよう

プログラムを何度か実行してみてください。ランダムな色の羊毛ブロックが設置されるようにしたので、実行するたびに以下のように異なるモザイク柄の立方体が出てきます。

ランダムな羊毛ブロックを出すのは楽しいけど、気に入った配色のブロックは二度と出せないってこと!?

1回目の実行結果　　2回目の実行結果

そうね、ランダムに出してるから同じのは出てこないわねぇ

気に入ったのが消えちゃうのは嫌だよ〜。それに他の場所にも同じもの設置したかったなぁ

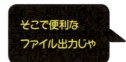
そこで便利なファイル出力じゃ

完成したプログラムを実行すれば、普通は同じ結果が出ますよね。でも、このように**ランダム関数**を使った場合は同じ結果を出すことはできません。他にも「**関数は同じものを使っているけど、引数をちょっと変えたよ**」などという時はやっぱり違う結果が出てきますね。その時々で、条件の違う結果を保存しておきたい場合にファイル出力は威力を発揮してくれます。

書き出すデータを格納しておこう

このコードの中では、まずファイルにデータを書き出すために以下のような下ごしらえをしています。

```
wool_colors = []
```

空の入れ物（**リスト**）を作成

ここで準備した情報は★で使うゾ

```
wool_colors.append((i, j, k, color))
```

wool_colors.append()メソッドを使って、入れ物（リスト）の中にブロックのx,y,z座標とブロックの色の情報（**タプル**）を順番に入れる。

リストとタプルについては、次章で詳しく説明します。ここでは、**ファイルに書き出したいブロックの情報を整理してとっておく作業**をしていると思っておいてください。

068

第4章　お気に入り建築を保存〜ファイルの入出力で移築をしよう〜

 ## 書き出し用のファイルを作ってデータを書き込もう

次にこのプログラムの中で一番重要な部分についてです。

```
with open(filename, 'w') as file:
```

これは **with open() 関数を使う時の定型文**です。**filename で指定されたファイルを書き込みモード（'w'）で開いて**います。決められたお作法なので難しく考えず、この通りに書けばOKです。

```
    for info in wool_colors:
```

ここでループ処理をして、先ほど下ごしらえでとっておいた、ブロックの情報を順番に取り出しています。ブロックの数だけループが実行されます。

```
        file.write(f"{info[0]},{info[1]},{info[2]},{info[3]}\n")
```

★ココじゃ

ここで **file.write() 関数を使って取り出したブロックの情報をファイルに書き出し**ています。
ブロック情報は (x,y,z,ブロックID) の順に書き出され、**'\n' でデータの改行**をしてから、また次のブロック情報が書き出されます。

ファイル入出力のイメージ

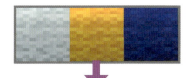

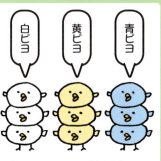
ブロックごとの情報を1かたまりにして、順番に並べておく（リストに入れる）

ブロック情報をかたまりづつ取り出して（ループ処理）

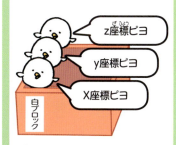
順番通り箱にしまっていく（ファイルの書き込み）

要するに、最初のブロックから最後のブロックまで順番通りに情報を箱詰めしておるんじゃ

069

ブロックの情報をファイル出力してみよう

書き出したファイルを見てみよう

　Pythonファイルを保存しているフォルダを覗いてみてください。『wool_colors.txt』というファイルができ上がっているはずです。今回は座標データを出すファイルに「.txt」という**拡張子**（ファイルの種類をあらわすおしりの文字）を選びました。ファイルを開いて見てみましょう。以下のようなブロック情報が出てきます。

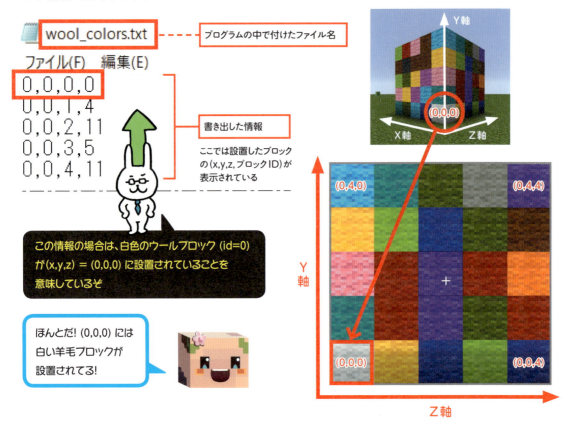

ファイルの書き出し（出力）方

with open(filename, 'w') as file:	書き込み用のファイルを作成する 'w'は書き込みモードの意味
file.write(f"{引数1},{引数2},\n")	ファイルに書き込みたい内容を記述。変数をf"{引数1}"のようにくくると、そのつどの具体的な値が代入される
filename = "ファイル名.txt"	書き込むファイルの名前と拡張子を指定する

作成されるファイル

ファイル名.txt	Pythonファイルを保存している場所にファイルが作成される

ファイルからブロック情報を読み込んでみよう

 ただの数字を読み込んでどうなるの??

さーて、ただ並んでいる数字から何ができるでしょうか？見たら驚くよ、お楽しみに♪

ファイルを読み込むってなんのため？

次は**ファイルの読み込み**に挑戦していきます。**書き出したファイルを読み込めば、プログラムを実行した時の結果を再現することができ**ます。他にもファイルのデータをアレンジして**別のプログラムの中で活躍させることも可能**です。

書き出した「wool_colors.txt」を読み込めば、先ほど作ったモザイクブロックとそっくり同じものが出てきますよ。具体例として見ながら、ただの数字のファイルが豆腐建築になる凄さを体感しましょう。

ファイル読み込みのイメージ

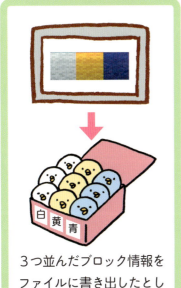

3つ並んだブロック情報をファイルに書き出したとします

読み込んで

❶ 同じブロックを復活できます

❷ ブロックをアレンジできます

❸ 別のワールド内でも活用できます

071

ファイルを読み込むコードを書いてみよう

先ほどファイルに書き出した情報を読み込むプログラムを書いてみましょう。お手本通りにコードを書いてみてください。

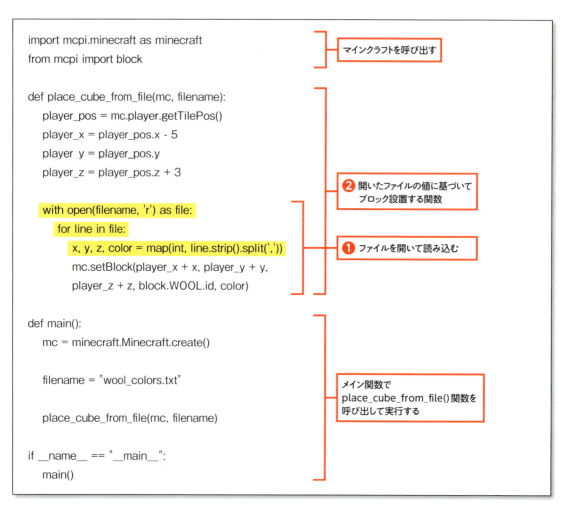

```
with open(filename, 'r') as file:
```

これも with open() 関数を使う時の定型文です。**filename で指定されたファイルを読み込みモード（'r'）で開いて**います。

```
for line in file:
```

ファイルの中身を1行ずつ取り出すためにループを実行しています。ブロックのx,y,z座標と色の情報を取り出します。

```
x, y, z, color = map(int, line.strip().split(','))
```

取り出した行のデータを4分割して、x, y, z, color に 1つづつ振り分けます。

ファイルを読み込んだ結果を見てみよう

　プログラムを実行してみてください。ファイルを書き出す時に設置したのと同じモザイク柄の立方体が出てきます。

　違いに気づきましたか？プログラムを何度も実行してしまうと毎回違う柄になっていたのに、ファイルから読み込んだものはソックリ同じですね。

前から見ても、横から見てもソックリ同じ色の並びになってる!!

ファイルに結果を保存しておくご利益が分かってきた～

これぞデータの再現ってやつじゃ便利じゃろう？

ファイルの読み込み方

with open(filename, 'r') as file:	読み込み用のファイルを開く 'r' は読み込みモードの意味
for line in file:	ファイルに書かれたデータの行数だけループを実行する
引数１，引数２， = map(int, line.strip().split(','))	行のかたまりで認識しているデータを個々の引数に代入する
filename = "ファイル名.txt"	読み込むファイルの名前を指定する

ミッションに挑戦！

ファイルを上書きせずに、別のファイルで保存してみよう

データにちょっと手を加えたら、更にオシャレな建築物も建てられるよ♪

ミッション 5　ファイル名に日時の情報を加えてみよう

　ファイルの書き出しをするプログラムを実行してみて不便に感じたところがありませんでしたか？「実行するたびにファイルが上書きされちゃうじゃん！？」って思いましたよね。上書きされないようにファイル名をそのつど変更しても良いのですが、**ファイル名に日時の情報が自動で組み込まれる**ようにしたら便利だと思いませんか？日時の情報をゲットする関数を紹介しますので、それを利用して早速挑戦してみてください。

```
from datetime import datetime
```

　このコードで **datetime モジュール**をインポートします。このモジュールがあれば**時刻の情報が取得でき**ます。

```
datetime.now().strftime("%Y%m%d_%H%M%S")
```

　このコードで datetime モジュールを利用して現在の日時が得られます。**datetime.now() は最新の日付を取得**して、strftime() のカッコ内で**指定したフォーマット**で文字列に**変換**しています。ここでは年月日付_時分秒としました。

これでプログラムを実行した結果を毎回大事にとっておけるね♪

ファイル名に変数やデータの中身を使いたい場合は、"{変数A}"とくくってあげるんじゃよ ※P70参照

074

第4章　お気に入り建築を保存〜ファイルの入出力で移築をしよう〜

こたえ（例）

ファイルを書き出すプログラム（P67）の最初の行（関数を呼び出している部分）に

```
from datetime import datetime
```

を書き加えてから、メイン関数の中に

```
    timestamp = datetime.now().strftime("%Y%m%d_%H%M%S")
    filename = f"wool_colors_{timestamp}.txt"
```

と書きます。これで実行してみましょう（実行結果 ❶ - ①）。

📄 wool_colors_20241026_180609.txt
ファイル(F)　編集(E)　書式(O)　表示(V)
0,0,0,6
0,0,1,7
0,0,2,15
- - - - - - - - - - - - - - - -

日時が入ったファイルが出来上がりました。このファイルを読み込むときは、ファイルを読み込むプログラム（P72）で同じファイル名を指定してから実行しましょう。

```
    filename = "wool_colors_20241026_180609.txt"
```
実行結果 ❶ - ②

📄 wool_colors_20241026_180832.txt
ファイル(F)　編集(E)　書式(O)　表示(V)
0,0,0,5
0,0,1,3
0,0,2,11
- - - - - - - - - - - - - - - -

プログラムを実行し直すと、また別の日時が入ったファイルが作成されます（実行結果 ❷ - ①）。
読み込むときも必要に応じて書きかえましょう。

```
    filename = "wool_colors_20241026_180832.txt"
```
実行結果 ❷ - ②

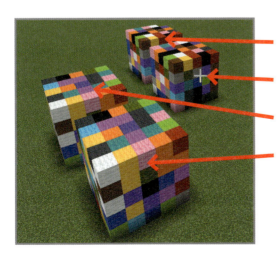

実行結果 ❶ - ①
実行結果 ❶ - ②
実行結果 ❷ - ①
実行結果 ❷ - ②

実行結果がちゃんとそれぞれ保存されてるぞ〜！

075

ミッションに挑戦！

ミッション 6 読み込んだ情報を変更してブロックの大きさを変えてみよう

次は読み込んだファイルの値に変化をつけてみましょう。ファイルを読み込んだあとに、ファイル読み込み用のコードを一部変更して下のようにx軸方向だけ2倍の長さにしたモザイクブロックを設置してみましょう。

ブロックの色はそのままで横長に作るのね

普通に読み込んだらこうなるよね

ミッション 6 こたえ（例）

ファイルを書き出すプログラムの中のブロック設置をするコードの部分を

```
mc.setBlocks(player_x + 2*x, player_y +y , player_z + z ,
             player_x + 2*x+1, player_y +y , player_z +z ,block.WOOL.id, color)
```

に書きかえてみましょう。そうなんです、x軸方向だけブロックが2個づつ配置されるように、引数の部分をちょっと書きかえるだけでOKです。

mc.setBlock()を使ってループを回してもできるぞい

第4章 お気に入り建築を保存〜ファイルの入出力で移築をしよう〜

ファイルは読むだけではなく、読み込んだ値に手を加えて新しい値にアップデートできることがわかりましたね。

例えば、ブロック設置の部分を

```
        if (x + y + z) % 2 != 0:
            BLOCK = block.WOOL
        else:
            BLOCK = block.STAINED_GLASS
        mc.setBlocks(player_x + 2*x, player_y + 2*y, player_z + 2*z,
                    player_x + 2*x+1, player_y + 2*y+1, player_z + 2*z+1,
                    BLOCK.id, color)
```

このように書きかえたとしましょう。

ここで

値 % 2 == 0   偶数を意味

値 % 2 != 0   奇数を意味

プログラミングでよく使うから知っておくと便利だよ♪

です。実行してみると色は同じですが、たがいちがいでウールブロックとステンドグラスブロックが配置されたオシャレな立方体に早変わりします。

読み込んだデータをそのまま設置した場合

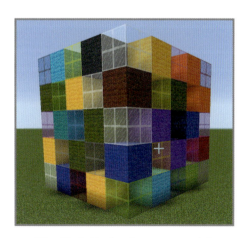

読み込んだデータにアレンジを加えてから設置した場合

ほんとだ！色の並びの順番はそっくり同じなのに、ブロックの大きさや種類が違ってる〜！

アレンジは他にもまだまだできそうだね！

077

森の洋館を丸ごと移築

アレンジしてみよう!

P3の付録をダウンロード♪ここでは「.py」と「.txt」ファイルをセットで使ってね

ファイルの書き出しを利用して、お気に入りの建物や植物をまるっと移築することができるヨ

付録3 copy_blocks.py / read_copy_blocks.pyをダウンロードして遊んでみよう

　ファイルの書き出しでは、自分で設置したブロックの情報だけではなく、マインクラフト内にある建築物や植物などのブロック情報を扱うこともできます。

　例えば、森を探索していてこのような森の洋館を発見したとします。立派な建物ですね〜。この一帯をコピーして海辺に豪邸を建ててみましょう。

周りにブロックのないところで実行してもタイクツな結果になってしまうから、にぎやかな場所で何度か試してみるといいぞい

素敵な建物ミッケ!!これを丸ごと移築したい!

ステップ1 copy_blocks.pyを実行してみよう

　まずは目の前にある建築物をコピーするプログラムを実行してみましょう。プレイヤーが立っている場所をぐるっと取り囲む位置をコピーするような仕様にしてあるので、お気に入りの建物にできるだけ近づいて地面に着地してから実行してくださいね。コピーする範囲は、コード内の「width, height, depth」の値で変更できます。

　実行すると、Pythonファイルの中に「copy_blocks.txt」というファイルが作成されます。

第4章 お気に入り建築を保存〜ファイルの入出力で移築をしよう〜

ステップ2　read_copy_blocks.pyを実行してみよう

　次に建物を移築したい場所やワールドに移動してから、コピーしたブロックデータを読み込むプログラムを実行してみましょう。サンプルのテキストデータ「woodland_mansion.txt」を「read_woodland_mansion.py」で読み込むと、このようになります（マンションのデータは「copy_blocks.py」より広い範囲をコピーしてあります）。

オーシャンビューのリゾートマンションがコマンド一発で建った!!

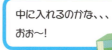

中に入れるのかな、、、おぉ〜!

スゴイ!!
建物の中身も完璧!!

アレンジしてみよう！ 森の洋館を丸ごと移築

付録3 copy_blocks.py / read_copy_blocks.pyの仕組みを見てみよう

copy_blocks.py

```
block_id = mc.getBlock(x_start + j, y_start + i, z_start + k)
```

mc.getBlock() 関数に引数(x,y,z)を渡すと、**その座標のブロックの種類を戻り値として返して**くれます。ここでは変数"block_id"に代入しました。

```
block_data = mc.getBlockWithData(x_start + j, y_start + i, z_start + k).data
```

mc.getBlockWithData() 関数は引数(x,y,z)を渡すと**その座標のブロックの細かい情報を戻り値として返してくれます。細かい情報とは、羊毛ブロックなら色の情報、ドアブロックなら向き、など**のことです。変数"block_data"に代入しました。

```
if block_id not in (block.DIRT.id, block.LEAVES.id):
```

もし、不要なブロックがある場合はif文で「含まれていない」という条件分岐を加えてみましょう。洋館では土と葉を取り除いてコピーしました。ここのコードは無くても大丈夫です。

工夫して水や海藻ブロックを除けば、海の中の建物も移築可能になるわいな

read_copy_blocks.py

```
x, y, z, block_id, block_data = map(int, line.strip().split(","))
```

書き出したファイルには(x,y,z,ブロックの種類,詳細)が1行ごとに書かれているので、データを5分割して振り分けています。

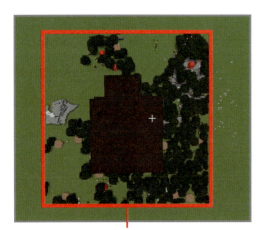

移築した範囲

洋館ではコピーする範囲を
幅×奥行×高さ
＝150×150×250
に設定しているから上から見るとこんな感じ

お好みの範囲で、必要なブロックを取捨選択するコードに書きかえて遊んでみてね♪

第5章
カラフル三次元建築
～リストとタプル～

第4章でファイルの書き込みと読み込みをしてきましたが、その時によく利用するのがリストとタプルです。どちらも同じようなはたらきをしてくれるのですが、ちょっとだけ性質が違います。

第5章では、建物の情報を**リストに格納して書きかえる・タプルに格納して守る**、をしてみましょう。大規模建築ではどちらも便利なので是非ご覧あれ。

本章のクエスト

リストを使って変形クリーパーを出そう

4章でブロックの座標とIDを()や[]に入れていたね

1つのブロックの情報はバラけているより、1まとまりになている方が便利でしょ。それがリストとタプルだよ

リストってなんだろう?

皆さん、旅行前に買い物リストや、持ち物リスト、やることリストなんかを書いたこと、ありますよね。荷造りするときには持ち物リストを見ますね。足りないものをゲットしに行く時は買い物リストを持って行きますね。

もしこれが全部いっしょくたに書かれていたらどうでしょう、さすがにちょっと不便ですよね。プログラミングでも同じことが起きます。**データを整理したりまとめたりするためにリスト**があります。**リストは[]でくくって書き、中に書いてあるものを要素**といいます。

リストを使うと

```
Shopping = [ "note" , "umbllela" , "snacks" ]
Luggage  = [ "pen"  , "obento"   , "drink"  ]
```

リスト(Shoppingなど)ごとにまとめておける。必要になったらリストや要素(noteなど)を取り出せる。

リストを使わないと

```
List 1 = raincoat    List 2 = drink    List 3 = note
List 4 = obento      List 5 = snacks   List 6 = pen
```

使いそうなものを全て書き出しておく必要がある。

リストを使ってクリーパーを設置してみよう

　最初にリストを活用してクリーパーのイラストを出してみましょう。まずはお手本どおりに書いてみてください。

```python
import mcpi.minecraft as minecraft
from mcpi import block

mc = minecraft.Minecraft.create()

def get_building_data():
    player_pos = mc.player.getTilePos()
    x = player_pos.x + 2
    y = player_pos.y
    z = player_pos.z - 5
    pattern = [
        [ 13,  5, 15,  5,  5, 15, 13,  5],
        [ 13,  5, 15, 15, 15, 15,  5, 13],
        [  5, 13, 15, 15, 15, 15,  5,  0],
        [  5,  5,  5, 15, 15, 15,  5,  5],
        [  5, 15, 15,  5,  5, 15, 15,  5],
        [ 13, 15, 15,  5,  5, 15, 15,  5],
        [ 13,  5,  5, 13,  5,  5,  0,  5],
        [  0, 13,  5, 13,  0,  5,  5, 13]
    ]
    return pattern, x, y, z

def build_structure(pattern, x, y, z):
    for i in range(len(pattern)):
        for j in range(len(pattern[i])):
            billboard = pattern[i][j]
            mc.setBlock(x + j, y + i, z, block.WOOL.id, billboard)

def main():
    pattern, x, y, z = get_building_data()

    build_structure(pattern, x, y, z)

if __name__ == "__main__":
    main()
```

- マインクラフトを呼び出す
- 1つ目のリスト
- 2つ目のリスト
- クリーパーの色の情報を入れたリスト
- クリーパーの色を決める関数
- このリストは、リストの中にリストを入れた入れ子（ネスト）になっておるぞ
- 戻り値
- ブロックの場所を決める関数
- メイン関数で両方の関数を呼び出す

リストを使って変形クリーパーを出そう

実行してマインクラフト画面で見てみよう

リストの数字だけ眺めていてもよく分からないと思うので、実行して何をしているのか見ていきましょう。

クリーパー出た

クリーパーの色を決める関数

このプログラムは2つの関数を利用して書いています。まず1つ目の関数、get_building_data()でクリーパーの色の並び順を決めます。数字がたくさん並んだリストの部分で色を指定しています。

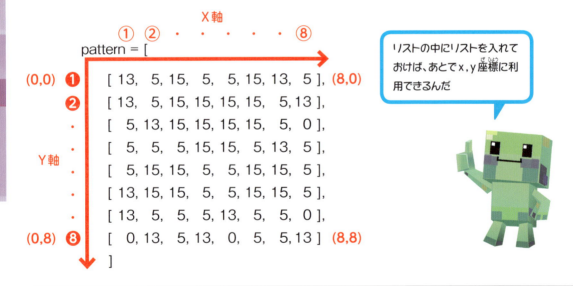

リストの中にリストを入れておけば、あとでx,y座標に利用できるんだ

```
return pattern, x, y, z
```

ここで、戻り値を受け取っています。なんで？？って感じがしますが、**あとでここの数字の並びを使いたいよ**、という場合は戻り値として受け取ってあげる必要があります。シンプルに考えて大丈夫です。もう使わない値か、あとで使いまわせるようにしたいか、によって戻り値を受け取るかどうか決めます。

ブロックを設置する関数

　2つ目の関数、def build_structure()でブロックを設置します。リストの中身を上手に取り出して、クリーパー柄になるように並べてあげます。

```
    for i in range(len(pattern)):
```

　len()関数でリストの要素数をチェックしています。1つ目のループで入れ子になっているリストの数(❶～❽)だけ繰り返し処理をします。

```
    for j in range(len(pattern[i])):
```

　2つ目のループで入れ子(中に入っているリスト)の中の要素の数(❶～❽)だけ繰り返し処理をします。

```
        billboard = pattern[i][j]
```

　ループを2重にして実行すると、リストの中身が端から端までくまなく取り出されます。pattern[i][j]が座標のyとxの役割を果たしてくれるので、mc.setBlock()メソッドを使ってブロック設置すると、引数のbillboardには下の図のように羊毛ブロックの色のIDがリストと同じように振り分けられる仕組みです。

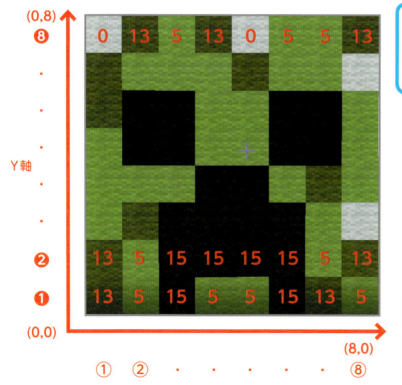

プログラムは上から順に進むけど、ブロックは下から順に設置するからy軸方向は並びが逆なのね

そうそう、その通り。上下さかさまに見たらブロックIDはリストの数字とピッタリ同じじゃろ

リストを使って変形クリーパーを出そう

リストを変更してクリーパーをかわいくしよう

　リストには便利な特徴がまだあります。後からリストの中身（要素）を書きかえることができます。例えば買い物リストに書いた「かさ」をやめて「レインコート」にしたくなった場合、そこだけ変更できます。

```
pattern, x, y, z = get_building_data()

pattern[5][6] = 3
pattern[5][2] = 3
pattern[3][0] = 6
pattern[3][1] = 6
pattern[3][6] = 6
pattern[3][7] = 6

build_structure(pattern, x, y, z)
```

リストの要素を変更する

この部分だけ書き足してみてネ

ココは座標(x,y)に当てはまるゾ
pattern[5][6]=3なら(5,6)を
id=3(空色)に変更ってことじゃ

アレ！クリーパーがかわいくなってる!?

ポッ♡

タプルを使って固定クリーパーを出そう

次はタプルだね。何が違うのかな？

リストは書きかえ可能だけど、タプルは書きかえられない仕組みなのよ

タプルってなんだろう？

旅行の準備をするとき、家族の遠足の場合は持ち物リストを自分で書くと思います。でも、学校の遠足の場合はたいてい「遠足のしおり」みたいな冊子をもらって、決められた物を準備しますよね。タプルは遠足のしおりの中に書いてある持ち物一覧のようなものです。

タプルもデータを整理したりまとめたりするためにあります。タプルは()でくくって書き、中に書いてあるものはやはり要素といいます。

リストと何が違うかというと、**リストは書きかえができるのに対して、タプルは書きかえができない**ところです。

リストは書きかえOK

```
Luggage = ["pen", "obento", "drink"]
Luggage[2] = "snacks"
```

⬇

プログラムは実行可能

タプルは書きかえNG

```
Luggage = ("pen", "obento", "drink")
Luggage[2] = "snacks"
```

⬇

プログラムはエラーが出る

タプルを使って固定クリーパーを出そう

タプルを使ってクリーパーを設置してみよう

今度はタプルを活用してクリーパーのイラストを出してみましょう。先ほどP83で書いたコードのうち、リストの部分だけ以下のようにタプルに書きかえて実行してみてください。

```
pattern = (
    (13,  5, 15,  5,  5, 15, 13,  5),
    (13,  5, 15, 15, 15, 15,  5, 13),
    ( 5, 13, 15, 15, 15, 15,  5,  0),
    ( 5,  5,  5, 15, 15,  5, 13,  5),
    ( 5, 15, 15,  5,  5, 15, 15,  5),
    (13, 15, 15,  5,  5, 15, 15,  5),
    (13,  5,  5,  5, 13,  5,  5,  0),
    ( 0, 13,  5, 13,  0,  5,  5, 13)
)
```

クリーパーの色の情報を入れたタプル

> リストでは[]でくくっていたけど、タプルは()に書きかえるだけで良いんだね

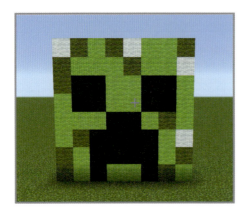

リストを利用してクリーパーを出した時と同じクリーパーが出現しますね。

タプルを書きかえて実行してみよう

では次に、リストを変更したときと同じ方法で、要素の一部を書きかえてみてください。

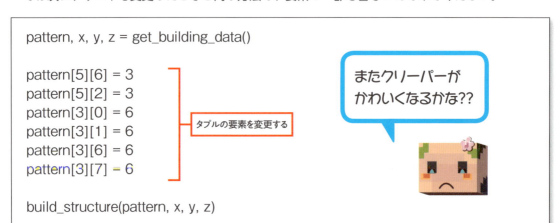

```
pattern, x, y, z = get_building_data()

pattern[5][6] = 3
pattern[5][2] = 3
pattern[3][0] = 6
pattern[3][1] = 6
pattern[3][6] = 6
pattern[3][7] = 6

build_structure(pattern, x, y, z)
```

タプルの要素を変更する

> またクリーパーがかわいくなるかな??

第5章　カラフル三次元建築　〜リストとタプル〜

実行すると以下のようなエラーが出ると思います。

```
    pattern[5][6] = 3
TypeError: 'tuple' object does not support item assignment
```

"**タプルは書きかえができるオブジェクトではありません**" という内容が書かれています。タプルは書きかえができないというのはこのことで、**あとから変更しようとするとエラーが出てしまう**んですね。

何のためかというと、最初に書き出したタプルが絶対変えたくない！！という内容の場合に便利だからです。

例えば、リストを変更してクリーパーをかわいく変更できた場合は良いのですが、

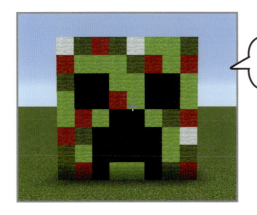

吹き出物だらけイヤだ〜
変えないでほしかったー

リストを変更してブサイクになってしまうこともあります。

あとで**変更するかもしれないな、**と思ったら**リスト**
絶対**変更したくないな、**と思ったら**タプル**
を使うと良さそうですね。

見て!
お菓子入れて
きちゃった♪

え〜!?
朝せっかくお弁当
渡したじゃない〜

やっぱ
遠足には
お弁当だよね〜

一緒に
食べよう〜♪

書きかえられる、られない、それぞれ
の良さがあるってわけじゃな

089

ミッションに挑戦！

リストかタプルを使って
アレを出してみよう

ミッション 7 　リストかタプルを使ってイラストを出してみよう

　下の図のような羊毛ブロックのID番号で色が並ぶように、リストかタプルを使ってブロック設置の
プログラムを書いてみよう。

白とピンクの羊毛ブロックはダミーだよ。
ブロックID（黄色の数字）をリストか
タプルに入れて書いてみてね

上手くいけば、
あのキャラが
出てくるはずだよ

クリーパーを設置した時と
考え方は一緒だね

ブロックが下から設置される
ようにするか、上から設置さ
れるようにするか、そこだけ
気をつけよう

こたえ（例1）

リストを利用してコードを書く場合はこうなります。クリーパーを設置するときはy軸方向が逆になることを考えて、数字を下から順に並べるようにしました。でも、図を見ながら書くならソックリ同じ並びでリストを書く方が便利ですよね。その場合リストはこのようになります。

```
pattern= [
    [ 12, 12, 12, 12, 12, 12, 12, 12],
    [ 12, 12, 12, 12, 12, 12, 12, 12],
    [ 12,  1,  1,  1,  1,  1,  1, 12],
    [  1,  1,  1,  1,  1,  1,  1,  1],
    [  1,  0, 11,  1,  1, 11,  0,  1],
    [  1,  1,  1, 14, 14,  1,  1,  1],
    [  1,  1, 12,  1,  1, 12,  1,  1],
    [  1,  1, 12, 12, 12, 12,  1,  1]
    ]
```

次に、ブロック設置の部分でひと工夫。y軸方向のブロック設置が上（8段目）からスタートして下に進みながら順に設置するように引数を書きかえてあげればOKです。

```
mc.setBlock(x + j, y - i +7 , z, block.WOOL.id, billboard)
```

こたえ（例2）

タプルを使っても、もちろんOKです。もし以下のように上下さかさまにリストを並べれば

```
pattern= (
    (  1,  1, 12, 12, 12, 12,  1,  1),
    (  1,  1, 12,  1,  1, 12,  1,  1),
    (  1,  1,  1, 14, 14,  1,  1,  1),
    (  1,  0, 11,  1,  1, 11,  0,  1),
    (  1,  1,  1,  1,  1,  1,  1,  1),
    ( 12,  1,  1,  1,  1,  1,  1, 12),
    ( 12, 12, 12, 12, 12, 12, 12, 12),
    ( 12, 12, 12, 12, 12, 12, 12, 12)
    )
```

ブロック設置の引数はシンプルにこうなりますね。

```
mc.setBlock(x + j, y + i , z, block.WOOL.id, billboard)
```

ミッションに挑戦!

どの方法でも良いので、実行して上手くいけば

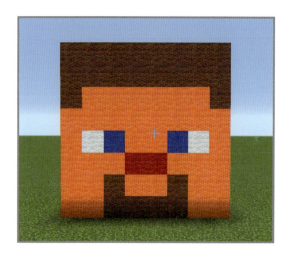

このようにスティーブが出てくるはずです。

スティーブ出た!

ミッション8 コードを書きかえてスティーブの表情を変えよう

では次に、ミッション7で書いたコードをアレンジして下の図のようにスティーブの表情を変えてみましょう。

リストかタプルの要素を書きかえられればできるね

にらめっこしましょ

あっぷっぷ～♪

こたえ（例1）

リストを変更する場合は、メイン関数の中にコードを書き足せばOKです。

```
pattern, x, y, z = get_building_data()

pattern[4][1] = 11
pattern[4][2] = 0
pattern[4][5] = 0
pattern[4][6] = 11

build_structure(pattern, x, y, z)
```

リストの要素を変更する

こたえ（例2）

タプルは変更できないんじゃないっけ！？そうでしたね。あとから変更することはできないので、もしタプルを使ってコードを書いた人は、思い切ってタプルそのものを書きかえる、という方法もあります。

```
pattern= (
    (  1,  1, 12, 12, 12, 12,  1,  1),
    (  1,  1, 12,  1,  1, 12,  1,  1),
    (  1,  1,  1, 14, 14,  1,  1,  1),
    (  1, 11,  0,  1,  1,  0, 11,  1),
    (  1,  1,  1,  1,  1,  1,  1,  1),
    ( 12,  1,  1,  1,  1,  1,  1, 12),
    ( 12, 12, 12, 12, 12, 12, 12, 12),
    ( 12, 12, 12, 12, 12, 12, 12, 12)
    )
```

タプルの要素を書きかえる

えーー!?
じゃあリストとタプル使い分ける意味がわかんないんだけどーー!!

いやいや、そんなことないんじゃよ。次のアレンジを見たら、やっぱ違いがあるのって便利だ!と分かるはずじゃ

デジタルサイネージ

アレンジしてみよう！

P3の付録をダウンロードして使ってつピ

タイム関数を使えば動くクリーパーが作れるよ

付録4 digital_signage.pyをダウンロードして遊んでみよう

リストを利用すればカラフルで大きな建築をするのに便利なことが分かりましたが、せっかくなので**書きかえられる特徴も利用してLED広告**のようにすると楽しいですよ。どんな感じなのか付録を実行して見てみてください。

❶ 普通クリーパー

あ！ クリーパーの表情がくるくる変わっていく♪

❷ ときめきクリーパー

❸ はにかみクリーパー

❹ ショッキングクリーパー

094

付録4 **の仕組みを見てみよう**

　次々とクリーパーの表情が変わっていく仕組みのポイントはtime関数を利用しているところと、リストの書きかえOKの特徴を利用しているところです。

```
from time import time
from time import sleep
```

　最初に**time()関数とsleep()関数をインポート**して、時間に関する便利な関数が使えるようにします(P31でも紹介してるヨ)。

```
start_time = time()
```

　メイン関数の中で**time()関数を使って、今の時間を取得**しています。戻り値を変数start_timeに代入しました。

```
while True:

    if time() - start_time >= 120:
        break
```

　ここは**while True:以下で字下げして書いたことを繰り返し**するよ、といっています。特に条件を書かないと延々と繰り返されるので、if time() - start_time >= 120: として、プログラムを実行してから**120秒以内なら繰り返し処理がされて、120秒を過ぎたらで繰り返しがストップ**(break)するように設定しています。

```
build_structure(pattern, x, y, z)
```

　まずリストの中身を書きかえることなく、そのままブロックを設置します。

ここで❶普通クリーパーが出るわけね

```
sleep(1)
```

　そして**sleep()関数を使ってプログラムを1秒停止**します。

ここはお好みで。一時停止しないとさすがに目がチカチカするよ

アレンジしてみよう！デジタルサイネージ

```
pattern[5][5] = 3
pattern[5][1] = 3
pattern[5][6] = 15
pattern[5][2] = 15
pattern[3][0] = 6
pattern[3][1] = 6
pattern[3][6] = 6
pattern[3][7] = 6

build_structure(pattern, x, y, z)
sleep(2)
```

ここで❷ときめきクリーパーが出るわけね

ここでリストの要素を変更して、ブロックの配色が変わるようにしました。

この先の❸❹のクリーパーも同様にしてブロックの色を変更しています。

たくさんのブロックが並んでいるうちの一部分をチョイ変したい時に、**リストの可変性**（リストの要素を変更できること）の便利さがよくわかりますね。

なるほどね〜、リストを丸ごと書き直して繰り返し処理をするよりラクチンよね

もっとアレンジ！

全く違う顔をデジタルサイネージ化する場合は、タプルを複数使って繰り返し処理するっていうのもアリじゃわい

ブロック1個づつにスリープ関数を使って、パラパラと顔が変化するように作っても楽しい♪

096

第6章
花火を打ち上げよう
～プログラムをモジュール化する～

ここまでに関数、ファイルの入出力、リスト・タプルについて学んできました。いよいよ集大成にチャレンジです。すべてをまるっと1つにまとめてみましょう。
第6章では、花火の設計図を作り、その設計図読み込んで、タイミング良く打ち上げるモジュールに仕立ててみましょう。

本章のクエスト

モジュールってなに？

また知らない言葉出てきたよ

モジュールはmcpiショップの中で
売っているお道具セットよ

モジュールは必要な道具をひとまとめにしたセットだよ

　P32でmcpiライブラリはモール内にあるお店のようなものですよ、とお話しましたね。お店の中のラインナップをのぞいてみましょう。GPS(player.getTilePos()メソッド)、スマホ(create()メソッド)、クレーン車(setBlock()メソッド)、、、とマインクラフト内で使える道具(関数やメソッド)がたくさん並んでいます。

　マインクラフトの中で遊ぶのに必要な道具をまとめてパッケージにしてあるのが**モジュール**です。**いくつもの関数やメソッドを1つのファイルにまとめてあります。モジュールをインポートしておけば、あとでその中から必要な関数やメソッドを利用できます。**

モジュールの
イメージ

第6章　花火を打ち上げよう　～プログラムをモジュール化する～

 ## モジュールにまとめておくのはなんのため？

もしかしたら、「別に1つのパッケージにしてくれなくても、必要な道具だけ選べばいいじゃん？？」と感じるかもしれません。でも、パッケージで道具をそろえておかないと結構不便なんです。

プレイヤーの位置をゲットしたり、ブロックを設置したりするにはそのつど必ずマインクラフトに接続する必要があり、実は毎回接続する関数（create()メソッド）を呼び出しながら作業をしていたんです。

もしcreate()メソッドがなかったら。。。

しまったぁ、スマホ買い忘れてアレックスに電話できない。これじゃ何も始められないや～

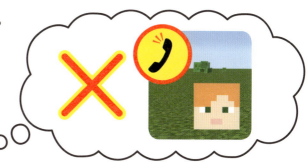

 ## mcpiを呼び出すときのコードを振り返ってみよう

P21でマインクラフトに接続する方法と、ブロックの設置方法などを紹介しましたが、ライブラリ・モジュール・関数（メソッド）の関係性を理解したところで、もう一度詳しく見てみましょう。

```
import mcpi.minecraft as minecraft
```
ライブラリ名　モジュール名　新しく付けた名前

呪文と称してプログラムの1行目に必ず書いていたこのコード、めっちゃ大事なはたらきをしています。ここで、mcpiライブラリの中にある**minecraftモジュールをインポート**しています。これで**モジュールがプログラムの中で使えるようにな**ります。

as minecraft とおしりにくっつけて書くことで、モジュールを mcpi.minecraft と呼び出す代わりに minecraft と**短縮形や別名で使える**ようにしています。

ゴメン、正直言って意味不明。。

マインクラフトパック

マイクラパック

だいじょーぶ。「mcpiショップのマインクラフトパック」を「マイクラパック」と言い直して呼んでる感じヨ

モジュールってなに？

```
mc = minecraft. Minecraft. create ()
```
変数 ／ モジュール名（変更あと）／ クラス名 ／ 関数名

　同じくプログラムの上の方で必ず書いていたこのコード、これも超大事なはたらきをしています。モジュールの中 **Minecraft（マインクラフト）クラス**の **create()関数（かんすう）** を呼び出しています。クラスについては更に複雑になってしまうので、今回は説明をざっくりにしますが、モジュールが1つの大きなパッケージだとするとクラスはパッケージの中を更に小分けにしている中袋のようなものです。どんどん開封していくと関数やメソッドが入っています。

　create()関数はマインクラフトと接続する必須アイテムなので毎回 minecraft.Minecraft.create と呼び出すのが大変なので**インスタンス**（結果）を mc に代入しています。こうしておけば mc と入力するだけでマインクラフトに接続できます。

ゴメン、ますます意味不明。。

だいじょーぶ、だいじょーぶ。「マイクラパックの中袋の中のスマホをかける」を「でんわ！」と言い直してる感じヨ

もしショートカットしていなかったら。。

関数を呼び出すコードが

```
mc.setBlock(1,0,1,1)
```

ではなく、

```
mcpi.minecraft.Minecraft.create().setBlock(1,0,1,1)
```

のようになります。

「mcpi（エムシーピーアイ）ショップのマインクラフトパックの中袋の中のスマホをかけてクレーン車を注文」と言わずに「でんわ！でクレーン車を注文」って言ってるわけね

でんわ！
クレーン車を注文

じゅげむ じゅげむ。。

プレイヤーの位置を取得・ブロック設置するコードを振り返ってみよう

関数を使うとき、毎回あたまに「mc.」がくっついている理由が理解できたと思います。せっかくなので、もうちょっと振り返ってみましょう。

```
player_pos = mc.player.getTilePos()
```

ここではplayer.getTilePos()メソッドをつかうために、mc.を最初にくっつけてまずマインクラフトに接続してからプレイヤーの位置を取得するメソッドを呼び出していたんですね。

```
mc.setBlock(x + 2, y, z + 2, block.STONE.id, 3)
```

こちらも同様にして、setBlock()メソッドをつかうために、mc.を最初にくっつけてからブロック設置をするメソッドを呼び出していたということです。

アレ？？そう言えば、呪文にはまだコードがあったよな。と思った君！さすが鋭いですね♪コレの書いてあるプログラムもありましたよね。

```
from mcpi import block
```

ブロックの情報がざっくり系(例 石ブロック:引数=1)のときは無くても大丈夫。でもブロックの情報が細かい系(例 ウールブロック:引数=block.WOOL. id)のときは必要だよ

これはmcpiライブラリの中の**blockモジュール**をインポートしていたんです。このモジュールは**ブロックの種類や色の情報が入っていて**、minecrafモジュールとは別の物を呼び出しています。**マインクラフトのワールド内に何かアクションを起こす関数はminecrafモジュール内にまとまっていますが、細かい指定をしてブロックを置くときはblockモジュールのインポートも必要**です。

mcpiショップでは、マインクラフトパックとブロックパックをゲットしておけば良さそうね

ゲット！

ブロックパック

マインクラフトパック

花火をモジュール化してみよう

花火！

球体を作る関数をアレンジして
花火を打ち上げよう♪

プログラムNo.1　花火の形にブロックを設置

　本章はここまでの内容の集大成でモジュールづくりに挑戦するので、順を追ってプログラムを完成させていきましょう。まずはお手本通りにコードを書いてみてくださささい。※後でファイル名を使うため「firework.py」として保存しています。

```
import mcpi.minecraft as minecraft                    ── 関数を宣言

def create_fire_work(mc, center_x, center_y, center_z, r,
        step, block_id):
    for z in range(-r, r + 1, step):
        for y in range(-r, r + 1, step):
            for x in range(-r, r + 1, step):
                distance_squared = x**2 + y**2 + z**2
                if r**2 - r * 2 < distance_squared <= r**2:
                    mc.setBlock(center_x + x, center_y + y, center_z + z,
        block_id)
                                                      ── 花火の形を決める関数

def main(mc, x, y, z):
    colors = [
        (20, 169),
        (15, 89),
        (10, 91)
    ]

    step = 3
    for r, block_id  in colors:
        create_fire_work(mc, x, y + 20, z, r, step, block_id)
                                                      ── メイン関数で花火の
                                                         色や間隔を設定
```

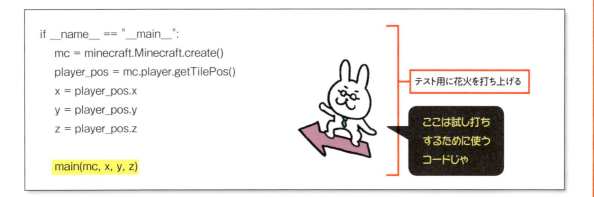

実行してマインクラフト画面で見てみよう

　シンプルながら大事なエッセンスがぎゅっと詰まったプログラムが完成しました。何が起きているのか画面で見てみましょう。

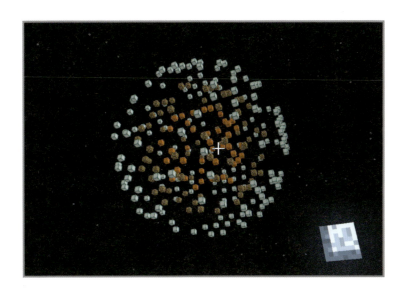

あ! 夜空に三色の花火が打ち上がった♪

もとは球の関数だったのに、火薬がつぶつぶしてる感じになてるね～

花火の形を決める関数

このプログラムは大きく3つのパートに分けて作っています。まず1つ目のコードのかたまりで花火の形を決めるための関数を作っています。

```
for z in range(-r, r + 1, step):
    for y in range(-r, r + 1, step):
        for x in range(-r, r + 1, step):
```

元になっているのは、P52で出てきた球体のコードじゃ。それにどんな手を加えると花火になるか見ていくぞい

ここで新しいループの使い方が出てきました。ループの()の中を"-r, r + 1, step"と書くと、**-rからr + 1までstep（間隔）を空けながら繰り返しの処理をする**よと言っています。具体的にどうなるか？というと、もしfor z in range(0,10,3)とした場合zの値は、0,3,6,9になります。

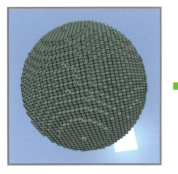
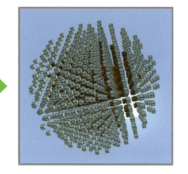
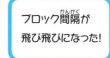

ブロック間隔が飛び飛びになった！

ループ間隔を空けない場合   ループ間隔を空けた場合

```
distance_squared = x**2 + y**2 + z**2
if r**2 - r * 2 < distance_squared <= r**2:
```

ここはP53で出てきた球の公式の応用です。難しいので深堀りしなくてもOKです、ざっくり言うと「もし球の表面だったら」と言っています。

ここまでの設定で、**ブロック設置をするときにstepを空けながらループを実行しつつ、球の表面に近い場所にブロックを配置し、花火らしい形**になるように工夫しました。

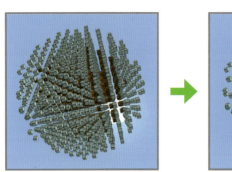
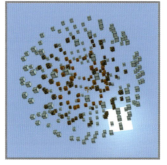

球の中身がみっちりじゃなくなった！

表面の条件式を使わない場合   表面の条件式を使った場合

花火の色など細かい設定をするメイン関数

　2つ目のコードのかたまりで花火の半径、形、ブロックの種類や色を決めるための設定を書いています。

```
def main(mc, x, y, z):
```

　また新しい使い方が出て来ました。今までメイン関数は呼び出し専門でしたが、ここでは**あとで呼ばれたときに使いまわせるように、メイン関数のことをdefで定義**してあげています。今まで引数は入れていませんでしたが、**ここでは引数「mc, x, y, z」を入れて**いますね。**mcはマインクラフトとの接続をするため、x,y,zはこのプログラムをインポートしたときに座標(x,y,z)を自由に決めるため**です。

　今回は1つ目、2つ目それぞれのかたまりに引数が色々出て来ましたが、シンプルルールを思い出してください、**あとで使う引数は()に入れる**、としています。

```
colors = [
    (20, 169),
    (15, 89),
    (10, 91)
]
```

★このあとのcreate_fire_work()関数のループでココの値が順番に入るぞい。
1回目は r=20, block_id=169だな

　ブロックの半径と、ID、色を決めるためにリストとタプルを使って値を決めています。ここではどちらを使ってもお好みでOKです。

```
step = 3
for r, block_id in colors:
    create_fire_work(mc, x, y + 20, z, r, step, block_id)
```

　またまた新しいループの使い方が出てきました。「for r, block_id in colors」の部分で、**colorsリストの中の数だけループを実行して**、「create_fire_work(mc, x, y + 20, z, r, step, block_id)」の引数のうち**rとblock_id**にそれぞれタプルの値を入れています。引数の**step**には**3**が入ります。

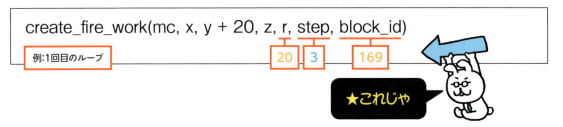

　頭がこんがらがってきてしまったら、**このメイン関数では「色違いの3重の花火を作っている」**と考えてしまって大丈夫です。

花火をモジュール化してみよう

直接実行してテストする

3つ目のコードのかたまりで花火を試し打ちしています。

```
x = player_pos.x
y = player_pos.y
z = player_pos.z
main(mc, x, y, z)
```

ここではプレイヤーがいる場所を(x,y,z)座標に入れているが、好きに変えてOKじゃ

このままだと頭上に上がるけど、main(mc,x+20,y+20,z+20)などとすれば少し離れた高い位置に見えるわネ

マインクラフトに接続してプレイヤーの位置を取得したあとに、main()関数に(x,y,z)の値を代入して実行しています。

『プログラムNo.1』はモジュールとしてインポートするために作っていますが、上手くコードが書けているか先にチェックしたいですよね。そこで、if __name__ == "__main__":以降で設定した座標で、花火がどんな感じにでき上がっているか確認することができます。

プレイヤーにぶつからないように、create_fire_work(mc, x, y + 20, z, r, step, block_id)関数でオフセットをかけてあるから、頭上にドカンと上がるはずじゃ

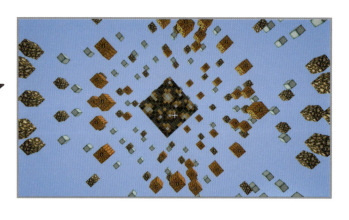

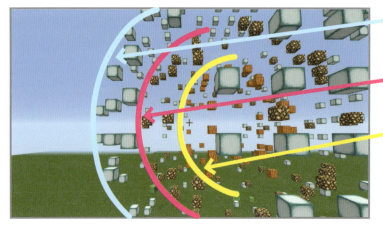

半径20のシーランタン(ID169)

半径15のグロウストーン(ID89)

半径10のジャック・オ・ランタン(ID91)

異なる半径の球体が3重に配置されたね

第6章 花火を打ち上げよう ～プログラムをモジュール化する～

 ## もっとチャレンジしたい君へ！

なかなか難しい部分もあったかと思いますが、ついに自分だけのモジュールが完成しましたね！本章で紹介したコードをアレンジすれば、新しいオリジナルモジュールだって手軽に作れますよ。

さらにもうひと頑張りしたい人のために、『プログラムNo.1』の花火モジュールにひと手間加えて、ファイル出力できるモジュールまでアップデートさせてしまいましょう。

花火の形を決める関数と、メイン関数にマーカーの部分を書き足すだけでできますよ♪

花火の形を決める関数部分

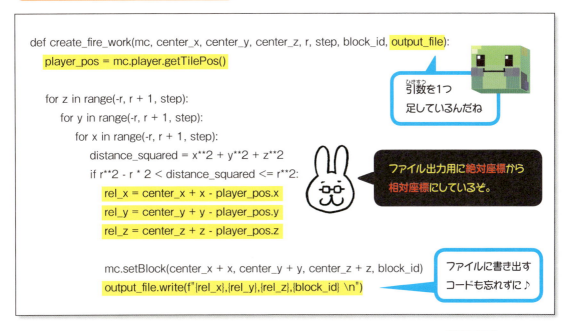

メイン関数部分

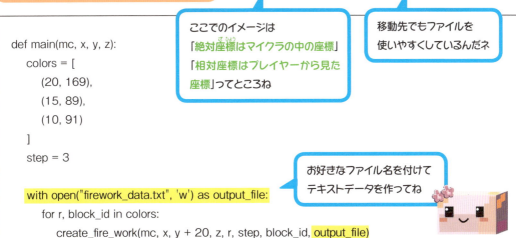

花火モジュールをインポートしよう

さっきちゃんと上がった花火を
インポートしてどうするの？

花火は一発じゃつまらないでしょ!?
いっぱい上げよう！

プログラムNo.2　花火をインポートして好きな座標や数を設定する

先ほど完成したモジュールをインポートするためのプログラムを書いていきましょう。自分で作ったモジュールを使うのはワクワクしますね。では下のお手本通りに書いてみてください。

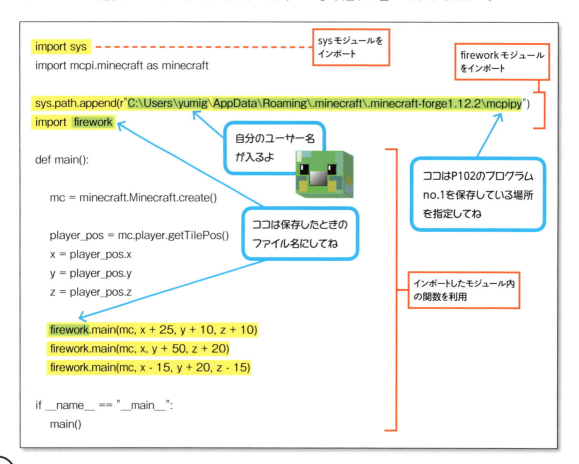

実行してマインクラフト画面で見てみよう

さてでは『プログラムNo.2』でも何が起きているか画面で見てみましょう。

どーん、どーん！

上がった上がった〜！
モジュールで直接試し打ちした時より豪華になった♪

インポートの仕組みを見てみよう

インポート用のプログラムではまず花火モジュールをインポートします。

```
import sys
```

最初の行で**sysモジュールをインポート**しています。この**sysモジュールとはPython標準ライブラリに入っているモジュール**で、Python全体の動きを決めてあげる機能が色々入っています。

P32の例えでいくと、sysモジュールはPythonショップで売っている道具ってことになるわ

なるほどね、1つのプログラムにいろんな店の道具を利用できるんだね

花火をモジュールをインポートしよう

```
sys.path.append(r"C:\Users\yumig\AppData\Roaming\.minecraft\.
minecraft-forge1.12.2\mcpipy")
import firework
```

ココの名前はP102かP107で作ったプログラムの名前と揃えてね！

　この2行で**花火モジュールをインポート**しています。
　sysモジュールの中の**sys.path.append()メソッド**を使うと、**パスの設定**を追加することができます。**パス**とはプログラムが保管してある住所のようなもので、パスの設定はPythonを実行するときにどこのファイル（プログラムやモジュール）を見に行くか、住所を教えてあげる作業のことです。
　具体的には『"C:\Users\yumig\AppData\Roaming\.minecraft\.minecraft-forge1.12.2\mcpipy"』に保存したファイルを探しに行ってね、と指定しています。住所を知らせた上で花火モジュールの『 firework 』をインポートしています。

パスの指定先例

```
C:\Users\yumig\AppData\Roaming\.minecraft\.minecraft-forge1.12.2\mcpipy
```

ココの名前は自分のパソコンの名前になってるはずだよ

ココの名前はP19で作ったフォルダ名だね

パスのイメージ

P32の例えでいくと、fireworkモジュールは自分で作ったオリジナルガジェットのことじゃ

道具を決めた場所にしまって、使うときは毎回そこから出してくる感じね〜

花火ガジェットはここにしまってあるんだ〜。っと

第6章 花火を打ち上げよう 〜プログラムをモジュール化する〜

 ## 花火が3つ打ち上がった仕組みを見てみよう

　モジュールをインポートして便利な点は花火打ち上げの重要な部分が下のたった3行で済んでしまうところです。

　モジュールの中で花火の形と打ち上げる最初の座標を決めているので、あとはメイン関数をちょちょいっとアレンジするだけで花火をどこでもいくつでも上げることができてしまいます。

```
firework.main(mc, x + 25, y + 10, z + 10)
firework.main(mc, x, y + 50, z + 20)
firework.main(mc, x - 15, y + 20, z - 15)
```

ココはインポートするファイル名. 呼び出す関数名になっているんだね

　firework.main() は**花火モジュールの中のメイン関数を呼び出し**ています。**()内の引数を自由に書きかえて、花火を打ち上げる場所を設定**します。

　もっとたくさん打ち上げたい場合は、メイン関数を書き足しても良いし、ループで繰り返し処理をしても良いですね。

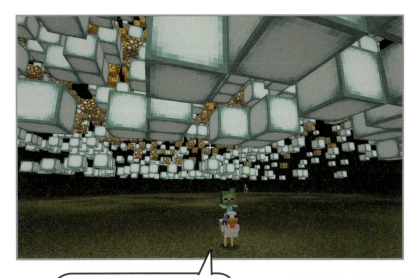

打ち上げまくって
ランタン祭りみたいだ〜♪

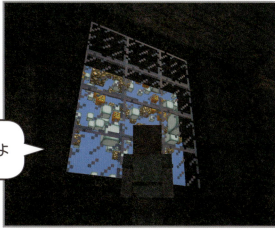

僕は家から眺めるよ

111

ミッションに挑戦！

花火をもっと花火らしくしたいよね！

それなら、時間差であがったり、消えた方がいいよね

ミッション 9　時間差で花火を上げよう

下の図のように花火が徐々に上がっていくように、時間差で設置してみましょう。

 1つ上がったら

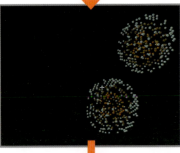
 2秒後にまた1っこ

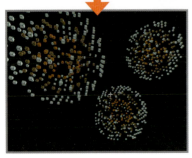
 その2秒後にまた1っこ みたいに設置してみてね

第6章　花火を打ち上げよう　〜プログラムをモジュール化する〜

ミッション9　こたえ（例）

これはカンタンでしたね。インポートする花火の関数の間にsleep()関数を挟んであげればできますね。

```
from time import sleep
```

最初にスリープ関数をインポートしよう

```
    firework.main(mc, x + 25, y + 10, z + 10)
    sleep(2)
    firework.main(mc, x , y + 50, z + 20)
    sleep(2)
    firework.main(mc, x - 15, y + 20, z - 15)
```

ミッション10　一定時間が過ぎたら花火を消そう

では次はちょっと難易度を上げて、時間差で次々花火が消えるようにアレンジしてみましょう。モジュール側でブロックを消す関数を書き足してみてください。

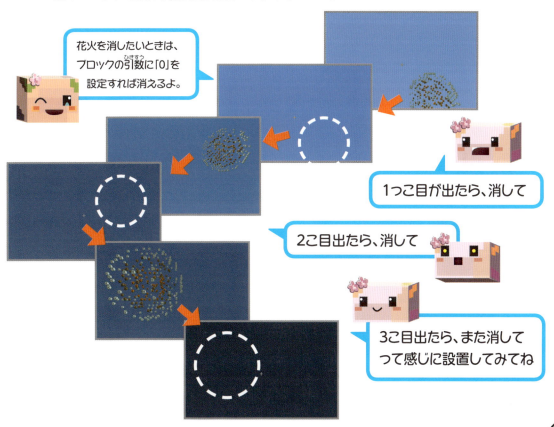

113

ミッション 10 こたえ (例)

　モジュール側で関数を書き足して、花火を設置するのと同じ場所にエアブロックを設置してみましょう。

　create_fire_work()関数をチョイ変するのがカンタンなので、ここでは、引数部分をほんの一部書きかえたclear_fire_work()という関数を追加しました。

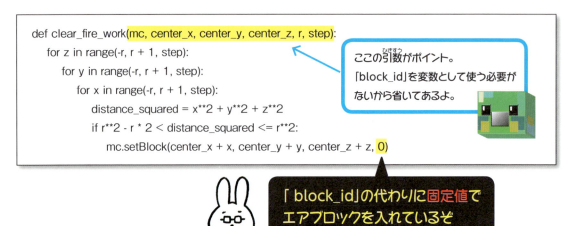

```
def clear_fire_work(mc, center_x, center_y, center_z, r, step):
    for z in range(-r, r + 1, step):
        for y in range(-r, r + 1, step):
            for x in range(-r, r + 1, step):
                distance_squared = x**2 + y**2 + z**2
                if r**2 - r * 2 < distance_squared <= r**2:
                    mc.setBlock(center_x + x, center_y + y, center_z + z, 0)
```

ここの引数がポイント。「block_id」を変数として使う必要がないから省いてあるよ。

「block_id」の代わりに固定値でエアブロックを入れているぞ

　メイン関数で呼び出す時はcreate_fire_work()関数のあとに、少し時間を置いてからclear_fire_work()が来るようにします。

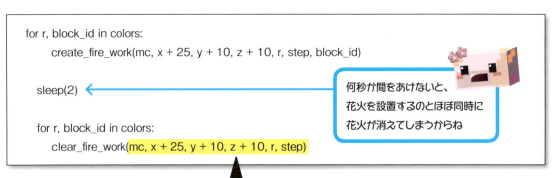

```
    for r, block_id in colors:
        create_fire_work(mc, x + 25, y + 10, z + 10, r, step, block_id)

    sleep(2)

    for r, block_id in colors:
        clear_fire_work(mc, x + 25, y + 10, z + 10, r, step)
```

何秒か間をあけないと、花火を設置するのとほぼ同時に花火が消えてしまうからね

ココでも引数に注目！
ブロックの種類は関数の中ですでにエアブロックと決めてあるから、引数は6コだ

アニメーション花火

P3の付録を
ダウンロードして
使ってね♪

ここまで来たら、花火を
アニメーションに仕上げよう!

 付録5 **fireworks.py をダウンロードして遊んでみよう**

ミッションで、Sleep()関数とブロックの設置を繰り返すと、花火らしさが出ることがわかりました。アレンジでは、ブロックをもっと次々に変化させて、アニメーション化します。更に本物らしさが出るので、実行して確かめてくださいね。

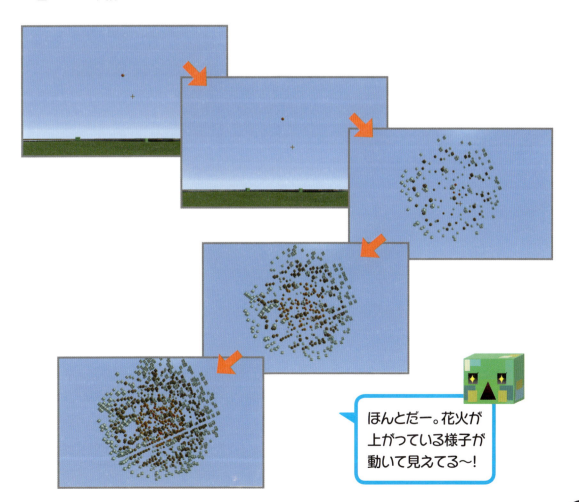

ほんとだー。花火が
上がっている様子が
動いて見えてる〜!

115

アレンジしてみよう！アニメーション花火

 付録5 の仕組みを見てみよう

　ミッション9と10で時間差で花火が出る方法と花火を消す方法は分かったので、もうちょっと手を加えて花火らしさを演出しています。まずは花火が下から打ち上がる様子が欲しいですよね。

```
for height in range(0, 20):
    mc.setBlock(x, y + height, z, 169)
    sleep(0.1)
    mc.setBlock(x, y + height, z, 0)
```

細かくスリープを入れて連続で見ると、火種が上がってるようにみえるわけね

　この部分で、花火の火種がひゅるるる〜っと上に上がっていく様子をsleep()関数の利用で表現しました。ブロックが1つ設置されては0.1秒後に消えます。ループを実行しているので、地上から花火の上がる高さまで座標を1づつ増やしながら繰り返しブロックが出ては消えてを繰り返します。

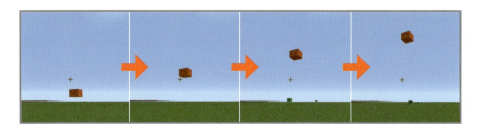

　次は花火が小さい球から大きな球に広がっていく様子が欲しいですよね。

```
max_radius_increment = 5
final_height = y + 25

all_blocks = []
for radius_increment in range(0, max_radius_increment + 1, 1):
    for base_r, block_id in colors:
        r = base_r + radius_increment
        blocks = create_fire_work(mc, x, final_height, z, r, step, block_id)
        all_blocks.extend(blocks)
    sleep(0.2)
```

半径が1づつ増えながら大きくなっていくためのループを回しているぞ

　この部分で、花火がドカンと開いて大きくなる様子を、半径を1ずつ大きくしてブロックを設置して表現しました。最初の半径から値が5（max_radius_incrementの値）増えるまで繰り返しブロック設置をしています。

　内側のループが実行されたら、sleep()関数を入れているところもポイントです。これがないと一瞬で一番大きな半径までブロックが設置が済んでしまいます。広がってがって見えるように、ちょっと時間を置いてから一回り大きいブロックが設置されるようにしました。

第6章 花火を打ち上げよう ～プログラムをモジュール化する～

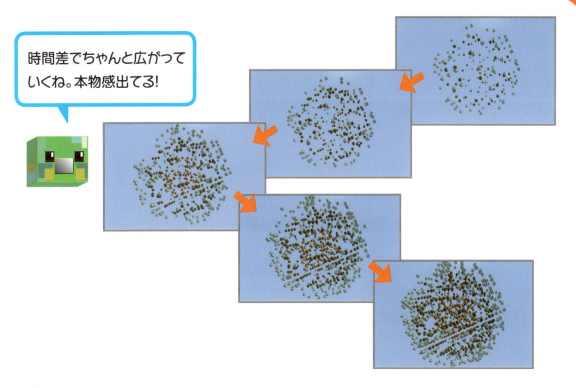

もっとアレンジすれば花火大会になる!

　モジュール側のプログラムだけ仕組みを紹介しましたが、インポート側のプログラムも工夫をすれば、このように花火大会に作り込むこともできますね♪

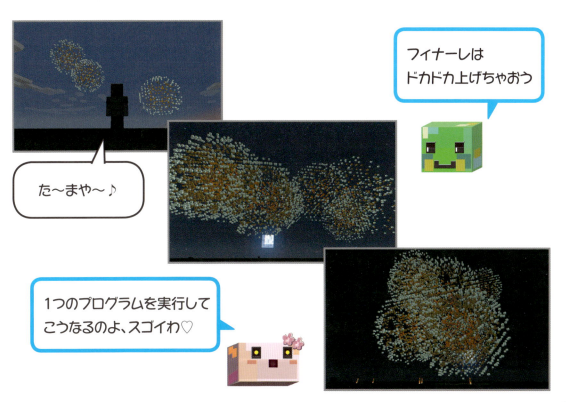

アレンジしてみよう！アニメーション花火

アニメーションモジュールの可能性は無限大

　花火の話、正直ちょっと長かったですよね。でも、ここまでの流れをしっかりつかんでおけば、他にも複雑な形を作ったり、組み合わせてアニメーション化したり、楽しいモジュールをアレコレ作れるようになります。

　マインクラフトの中で遊んでいたように見えますが、数式を操ってアニメーションが作れるということは、もう皆さんはプログラムの開発者や専門分野の研究者レベルにまで登ってきているんですよ。

こんな分野で活用しているよ！

　数式や関数を扱い、**データ化**（ファイル出力など結果を保存しておく）や**可視化**（アニメーションなど結果を目に見えるように）するプログラムは、**物理現象のシミュレーションや科学研究、AIやソフトウェアの開発**など多くの分野で活用されています。

宇宙研究

花火の広がりを計算するために使った球の数式やループ処理は、天体のシミュレーションにピッタリ。星や惑星の軌道の計算にも使われるよ。

設計や建築

曲線やドーム型建物の設計にも数式は欠かせない。球体や楕円だけでなく、数式が変化したらせん構造やトーラス構造など、美しい建物と計算プログラムは仲良しなんだ。

ロボット制御やAI開発

ロボットの動きを決めるのも数式、AIの振る舞いを決めるのもやっぱり数式。数式の計算と可視化のコンビが最強な気がしてくるね。

ソフトウェア開発

ゲームソフトはもちろん、天気の予測や経済の分析にも、数式を利用した専用のソフトウェアが開発されているよ。それぞれに必要な計算とその可視化は重要なんだ。

スペシャル付録

こんなことまでできる！
超ド級のスゴ建築とアニメーション

見たことないような
スゴいコマンドだらけじゃ！
皆でレッツゴー！！

ラジャー

ゴー！

数式建築
らせん&ドーム&大盛り三角

ここからは特別付録！まずは算数の公式を利用して、スゴイ形をどんどん出してくよ〜！

引数(ひきすう)を変えたりアレンジしてみてね！

特別付録

idea-village.com/
minecraft2/tokubetu.zip

ぐるぐるが
特別付録1　helical.py
で三角が
特別付録2　triangle.py
だピヨ

ここからは『特別付録』をダウンロードして遊んでネ。詳しくはP33

こっちはヘリカル構造。らせんで1つにTNTがつながっているんじゃ

どっちのTNTも着火したらド派手に爆発しそう〜

こっちはシェルピンスキーのギャスケット。三角の中にいっぱい三角があるなぁ

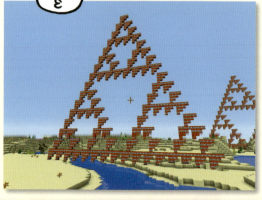

スペシャル付録　こんなことまで出来る！超ド級のスゴ建築とアニメーション

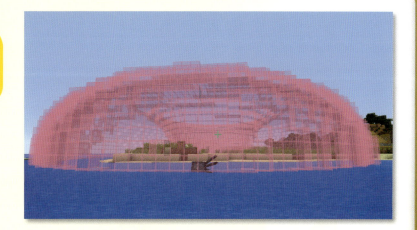

ドームは
特別付録3 torus.py
だピ

これはトーラス構造っていうのじゃ。引数をちょっと変えるだけでホレこの通り

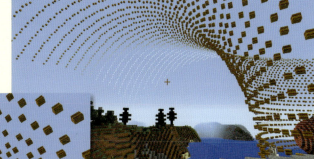

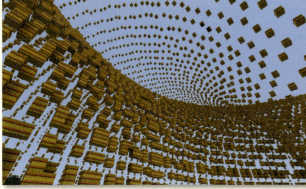

数式スゴー!!

光るブロックにして、中に入っても楽しい♪

121

座標読み込み建築
ドラゴン＆QRコード

お次は座標ファイルを
ダウンロードした圧巻の映え建築!

これはさすがに手作業無理でしょう!?
の完成度の凄さ!!

ドラゴンは
特別付録4
read_dragon.py/dragon.txt
だピヨ

※この付録は、read_dragon.pyを
実行してdragon.txtを読み込んで
使ってネ

雪山にたたずむ
碧い龍 カッコイイ〜♪

こっちは雰囲気を
変えてみたよ

出典：スタンフォード3Dスキャン
https://graphics.stanford.edu/data/3Dscanrep/

三次元の座標のデータさえあれば、
立体的な建築物に変身させられるよ

スペシャル付録　こんなことまで出来る! 超ド級のスゴ建築とアニメーション

※こっちも同じように read_QR.pyでQR.txtを 読み込んで遊んでネ

QRの壁は
特別付録5
read_QR.py/QR.txt
ピヨ

こっちもデカっ

ブロックのQRでも ちゃんと読み込める!

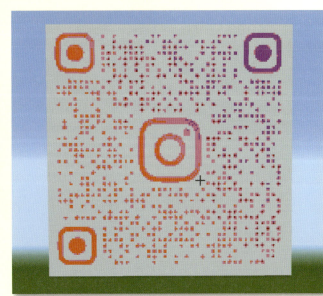

え!? 僕も自分のQR コードを出したい

画像をｘｙ座標と 色のデータにして 作ったよ

123

アレンジ関数
巨大ドーナツ

公式と公式のマリアージュ

ロード・オブ・ザ・ポンデリング

アイシングドーナツは
特別付録6　donut.py
で、ポンデリングが
donut2.py
よ

もちもちドーナツと
トッピングドーナツだ〜

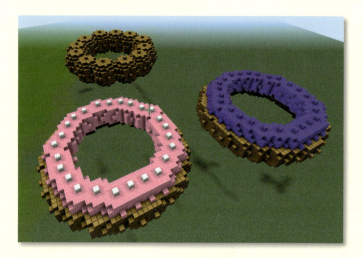

よく見ると小さな球が並んで
ぐるりと1周してる〜☆彡

関数と関数の
組み合わせで、
新しい形がいくらでも
作れちゃうのね〜♪

アレンジアニメ
惑星シミュレーション

数式の中の値を変えながら設置するとどうなるかな？？自在に操れば君もプロフェッショナル！

プラネットは
特別付録7
animation.py
だピヨピヨ

大きな楕円から徐々に小さくなっていって

最後球になったらランダムに色が変わるよ♪

もっとグラデーションがあるから、コレは実行してアニメで見ないとね♪

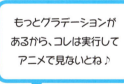

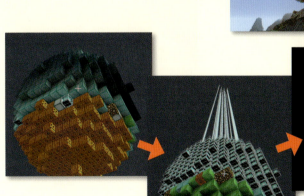

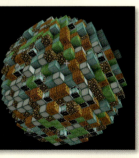

こっちは球のブロック引数をアレンジして、キラキラディスコじゃわい

さくいん

アルファベット

\
\n ································· 69

B
block_id not in ············· 80
blockモジュール ············· 101
break ···························· 95

C
create()関数 ················· 100

D
datetime.now() ·············· 74
datetimeモジュール ········· 74
def ······························ 35

E
elif ······························ 46
else ····························· 24

F
file.write() 関数 ············· 69
Forge ···························· 14
for文 ···························· 23

I
if文 ························· 24, 46

J
Java ····························· 10
JavaScript ······················ 8
JAVA版 ···························· 9

L
len()関数 ·················· 46, 85

M
math.radians() ··············· 63
mathモジュール ··············· 63
mc.getBlock() ················ 80
mc.getBlockWithData() ····· 80
mc.player.getTilePos() ······ 21

mc.postToChat() ············· 21
mc.setBlock() ················· 21
mc.setBlocks() ··············· 45
mcpi ····························· 13
mcpiライブラリ ················ 31
Minecraftクラス ············· 100
minecraftモジュール ········· 99
MOD ························· 9, 14

P
Python ···························· 8
Python標準ライブラリ ········ 31

R
random.randint()関数 ······· 67
Raspberry Jam Mod ········· 14

S
Scratch ··························· 8
sleep()関数 ···················· 95
split ····························· 72
strftime() ····················· 74
sysモジュール ················· 109

T
Thonny ····················· 12, 22
time() ···························· 31

V
VBA ······························· 8

W
while True ····················· 95
with open()関数 ·············· 69

かな

あ
アニメーション ················ 115
入れ子 ···························· 83
インスタンス ·················· 100

あ
- インポート ……………………… 31, 98
- エラー …………………………………… 89
- 円の公式 ………………………………… 55
- オフセット ……………………… 22, 106

か
- 書き込みモード ……………………… 69
- 関数 ……………………………… 21, 26
- 関数を呼び出し ……………………… 35
- 関数を宣言 …………………………… 35
- 球体 …………………………………… 52
- 球の公式 ……………………………… 53
- 繰り返し ……………………………… 23
- 計算結果を出す関数 ………………… 49
- 計算結果を利用した関数 …………… 50
- 固定値 ……………………………… 114
- コマンド入力 ………………………… 20

さ
- 座標データ …………………………… 70
- 座標情報 ……………………………… 69
- 字下げ ………………………………… 35
- 乗算 …………………………………… 53
- シェルピンスキー ………………… 120
- シミュレーション ………………… 118
- 数式を利用した関数 ………………… 48
- 絶対座標 …………………………… 107
- 相対座標 …………………………… 107

た
- 代入 …………………………………… 24
- 楕円体の公式 ………………………… 60
- タプル …………………………… 68, 87
- データの改行 ………………………… 69
- データ化 …………………………… 118
- テキストプログラミング言語 ……… 8
- トーラス構造 ……………………… 121

な
- ネスト ………………………………… 83

は
- パス ………………………………… 110
- パスの設定 ………………………… 110
- 反復処理 ……………………………… 23
- 比較 …………………………………… 24
- 引数 …………………………………… 27
- ビジュアルプログラミング言語 …… 8
- ファイル出力 ………………………… 66
- ファイルに書き出す ………………… 66
- ファイルの読み込み ………………… 71
- プログラミング言語 ………………… 8
- ブロック情報 ………………………… 70
- 分岐 …………………………………… 24
- ヘリカル構造 ……………………… 120
- 変数 ……………………………… 23, 31

ま
- メイン関数 …………………………… 37
- モジュール …………………………… 98
- モジュール化 ……………………… 102
- 戻り値 ………………………………… 28

や
- 要素 …………………………………… 82
- 読み込みモード ……………………… 72

ら
- ラジアン ……………………………… 63
- 乱数 …………………………………… 67
- ランダム関数 ………………………… 67
- リスト …………………………… 68、82
- リストの可変性 ……………………… 96
- ループ ………………………………… 23

127

著者 山口 由美
工学博士　STEM教育専門家

千葉大学大学院工学研究科博士後期課程修了。工学博士。同大学にて専門数学の教鞭をとりつつ、本の執筆にも従事。著書に『10歳からの 図解でわかるAI 知っておきたい人工知能のしくみと役割』（メイツ出版）や『13歳からのプログラミング入門 マインクラフト＆Pythonでやさしく学べる！』（メイツ出版）などがある。小学生のお母さん目線からもSTEM教育の普及に取り組んでいる。

インスタグラムにて
プログラミングのコツについて発信中！

フォロワー限定ボーナスコードも配布しています。
本書の付録コードと組み合わせて建築をもっと楽しんでね！

TAMAKICKS_GO

スタッフ
企画・制作：イデア・ビレッジ

図版協力／TAMAKI
キャライラスト・動作確認／みどりみず
Super Special Thanks／福岡秀樹
本文デザイン・DTP／飯岡るみ

13歳からのプログラミング上達
マインクラフト＆Pythonで楽しく実践

2025年　4月20日　第1版・第1刷発行

著　者　山口　由美　（やまぐち　ゆみ）
発行者　株式会社メイツユニバーサルコンテンツ
　　　　代表者　大羽　孝志
　　　　〒102-0093東京都千代田区平河町一丁目1-8
印　刷　シナノ印刷株式会社

◎『メイツ出版』は当社の商標です。

●本書の一部、あるいは全部を無断でコピーすることは、法律で認められた場合を除き、
　著作権の侵害となりますので禁止します。
●定価はカバーに表示してあります。
©イデア・ビレッジ,2025.ISBN978-4-7804-3015-8 C3055 Printed in Japan.

ご意見・ご感想はホームページから承っております。
ウェブサイト　https://www.mates-publishing.co.jp/

企画担当：堀明研斗